실내 식물 도감

영국 왕립 원예협회

실내 식물 도감

프란 베일리, 지아 앨러웨이 지음
RHS 자문 : 크리스토퍼 영

PRACTICAL
HOUSEPLANT BOOK

한뼘책방

차례

일러두기

- 식물명은 '국가표준식물목록'과 백과사전 등을 참고하였으며, 정착된 유통명이 있을 경우는 그것을 따랐습니다.

- 「실내 식물 프로파일」에서 학명 옆에 표시된 AGM(Award of Garden Merit)은
  영국왕립원예학회가 해마다 선정하여 추천하는 식물을 가리킵니다.

들어가며

실내 식물이 우리를 더 행복하고 더 건강하게 만들어준다는 것은
과학이 증명하고 있다. 연구에 따르면 우리가 키우는 식물은 공기를 정화하고,
기분을 좋게 해주며, 스트레스를 줄여준다. 그러니 멋있고 행복을 불러일으키는
온갖 모양과 크기, 색깔의 식물로 집 안을 채워야 할 이유는 충분하다.

실내 식물의 종류는 너무도 다양해서 누구나 자기에게 알맞은 한 가지 또는
수십 가지의 식물을 찾을 수 있다. 우아하게 꽃을 피운 난초,
귀엽고 자그마한 선인장과 다육식물, 섬세하게 가지를 뻗어나가는 덩굴식물,
마루에 세워둔 야자나무와 관엽식물, ……, 말하자면 끝이 없다.
이것저것 손에 잡히는 대로, 가능한 모든 곳에 녹색 식물들을 두고 싶은 충동을
억누르기는 무척 힘들다. 하지만 실내 식물을 들여놓는 최상의 방법은
거기서 한 발 더 나아가는 것이다. 궁리를 잘 해서 분위기가 나게 꾸민다면,
집 안은 작고 아늑한 오아시스이자 극적이고 건축미가 우러나는
식물 전시장이 될 수 있다.

해보고 싶은 것이 아무리 많더라도 우리의 집을 완벽한 식물원으로
바꾸어놓을 수는 없다. 우리에게는 독창성이 필요하다.
빈약한 조명이 문제인가? 엽란이나 산세베리아처럼 그늘진 곳에서도
비교적 잘 살 수 있는 덜 까다로운 관엽식물들을 찾아보라.
마땅한 바닥 공간이 없다고? 유리 테라리엄 속에 미니어처 정원을 꾸며보라.
아니면 좀 더 힘을 써서 마크라메나 고케다마를 이용한 공중 정원을 창조해보라.

집 안을 식물로 가득한 공간으로 만들었다면, 이제는 그 식물들을
어떻게 최상의 상태로 유지하느냐는 문제가 기다린다.
이 책을 통해 여러분은 어떤 식물을 선택했든 간에 그 식물들을 잘 돌보고,
건강하고 튼튼하게 유지하며, 그것들을 친구와 가족들에게
나누어줄 수 있게 될 것이다.(아니면 여러분의 재배 목록을 늘려나갈 수도 있다.)
여러분의 재배 목록이 거창하든 소박하든 상관없이 지금 키우고 있는 식물들을
잘 보살핀다면, 앞으로 여러 해 동안 즐길 수 있는 실내 정원으로 보답받게 될 것이다.

실내 식물 디자인

실내 식물 디자인의 기법

식물은 그 자체로는 그저 식물일 뿐이지만, 거기에 다른 무언가를 더하면
디스플레이가 된다. 그러면 손에 잡히는 대로 식물을 모아놓은 것과,
우리 눈길을 끌고 생활공간의 분위기를 살려주는 식물 디자인은 어떻게 구별될까?
다음의 네 가지 디자인 요소를 활용하여 식물과 식물을 시각적으로
연결해주는 데에 그 해답이 있다.

스케일 14~17쪽

크기와 비율을 활용하라. 균형과 대칭을 원한다면
크기가 같은 식물들을 선택하라. 눈길을 잡아끌고
흐름과 운동감을 만들어내고 싶다면
크기가 서로 다른 식물들을 활용하라.

모양 18~21쪽

모양이 비슷한 식물들을 선택하면 아름답고 자연스러운
패턴을 만들 수 있다. 반면에 모양이 대조적인 식물들을
선택하면 극적인 분위기를 내는 디스플레이를 창출할 수 있다.

"모든 각도에서
   디자인을 살펴보라.
   마치 살아 있는 삼차원의
   조각품을 보듯이."

색깔 22~25쪽

색깔과 색깔은 서로 큰 영향을 주고받는다. 이 상호작용을
활용하여 부드럽고 조화로운 색조를 연출할 수도 있고,
생생하고 대비가 두드러진 팔레트를 펼쳐 보일 수도 있다.

질감 26~29쪽

식물의 질감은 잎이 빛과 상호작용하는 방식을 결정하기 때문에
촉각적 매력뿐 아니라 시각적 매력도 지니고 있다.
디스플레이에 깊이를 더하려면 서로 다른 질감을 섞어
어울리게 하라.

실내 식물 디자인의 원칙

실내 식물을 디자인하는 방법은 개인의 취향과 상상력, 공간에 따라 달라진다.
그 방법은 매우 다양하고 가능성도 무한하다.
다만, 성공하려면 다음의 주요 원칙들을 따라야 한다.

1 모양보다 돌봄이 먼저

건강한 식물이 아름다운 식물이다.
어떤 공간을 디자인할 때 그 공간이 제공하는 빛, 온도,
습도 속에서 잘 자라는 식물을 선택해야 한다.
단지 잘 보이기 위해 식물들을 완벽하게 배치하는
데에만 시간을 쏟는다면 식물들은 행복을 느끼지
못한 채 시들고 죽어갈 것이다.

2 자연을 생각하라

자연으로부터 영감을 얻어야 한다. 그 식물이
야생에서는 어디에서 어떻게 자라는지 생각하고,
디스플레이를 할 때에도 그 점을 본받기 위해 애써야
한다. 만약 축축하고 반그늘이 진 숲속에서 잘 자라는
식물이라면 그와 비슷한 환경을 만들어주라.
높은 가지에서 덩굴을 뻗는 식물이라면 화분을 천장에
매달아보라. 배양토 없이 공기뿌리로 성장하는
식물이라면 디스플레이에도 그것을 적용하라.
자연환경이 어떠하든 그것을 영감의 원천으로 삼으라.

3 조화와 대비

조화와 대비 사이에서 균형을 유지하라.
디자인의 네 가지 요소(10~11쪽 참조)를 숙지하고,
원하는 효과가 나도록 조화와 대비를 활용하라.
조화는 균형 잡히고 통일감 있는 모습을 만드는 반면,
대비는 흥미와 역동성을 더해준다.

스케일 이해하기

간단히 말하자면, 스케일이란
식물들의 상대적인 크기와 비율을 가리킨다.
원래 크기가 어떠하든, 한 식물의 스케일은
주변의 식물들이나 물체들과의 관계 속에서
정해진다. 성공적인 디자인의 핵심은 비율에 있다.
작은 선인장과 키다리 벤자민고무나무는
스케일과 비율이 전혀 맞지 않는다.
스케일을 알맞게 조정하면 식물들 사이에
흥미로운 관계를 빚어낼 수 있다.

스케일이란?

스케일은 식물들의 크기를 서로 비교한 것이다. 따라서 전체적인
디스플레이 안에서 식물들의 상대적인 크기를 나타내는 비율과
밀접한 관계가 있다. 크기가 비슷한 식물들은 스케일이 조화로운
반면에, 키 차이가 나는 식물들은 대조적인 스케일을 이룬다.
크기란 상대적인 것이다. 어떤 두 식물이 같은 비율을 유지한다면
스케일의 대조 역시 동일하다.

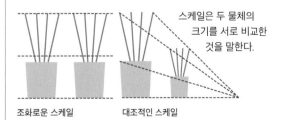

스케일은 두 물체의
크기를 서로 비교한
것을 말한다.

조화로운 스케일   대조적인 스케일

조화로운 스케일

스케일이 똑같거나 엇비슷한 식물들을 골라 모아놓으면
고전적이고 잘 정돈된 디스플레이가 된다.
스케일과 비율을 반복하면 통일감과 소박함을 느낄 수 있다.
반복이 지나치면 조화롭기보다는
지루하게 느껴질 수 있지만, 적절하게 활용하면
질서와 리듬감을 준다.

떡갈잎고무나무

"당신의 실내 식물들은
크기가 서로
잘 어울리는가?"

대조적인 스케일

비율은 같되 스케일이 서로 다르게 식물들을 배치하면
시선이 한 곳에서 다른 곳으로 자연스레 옮겨지면서
조화롭게 디스플레이한 것보다 덜 정적이고
좀 더 동적인 관계가 연출된다. 시선을 작은 데에서 큰 데로,
그룹 안에서 한 군데의 초점으로 이끄는 운동감이 생기는데,
비율을 유지하면 관계는 흐트러지지 않는다.

금호선인장

조화로운 스케일로
디자인하기

조화를 추구하면 패턴을 강조할 수 있다.
크기가 같은 식물들을 활용하여 창틀의 대칭이나 계단의
높낮이 등 생활공간의 패턴들을 반영하고 도드라지게 하라.
동일한 스케일을 유지하면서 다른 디자인 요소들에 변화를
줌으로써, 식물들을 하나로 묶는 조화로운 패턴을 만들어내라.

1 크기가 같은 켄차야자 세 그루를 계단의 윤곽을 따라 배치했다.

2 아주 다른 세 가지 덩굴식물이 조화로운 스케일 덕분에
통일감을 준다.(왼쪽부터 옥주염, 녹영, 겨우살이선인장)

"공간에 비례하는
디스플레이로
균형감을 창출하라."

스케일 디자인

공간에 어떤 효과를 만들어내고 싶은가?
반복과 조화가 만드는 정돈된 패턴을 원하는가,
아니면 대비와 운동감을 불러일으키면서
눈길을 끄는 역동적인 배치를 원하는가?
식물들의 비율을 달리하는 것만으로도 눈길을
위 또는 아래로 유도하고, 공간을 차단하거나
구획하고, 가지런하거나 활발한 느낌을
곧바로 줄 수 있다.

대조적인 스케일로
디자인하기

크기가 서로 다른 식물들을 모아놓으면 시선을 유도하거나
운동감을 만들어낼 수 있다. 시선이 창턱이나 탁자를 가로지르기를
바라거나, 수직 느낌을 강조하고 싶거나,
특정한 곳으로 눈길을 이끌고 싶을 수 있다.
이럴 때 대조적인 스케일의 식물들을 활용하면
그룹 안에서도 한 군데로 시선을 모을 수 있다.

1 작은 것에서 점점 더 큰 것으로 브로멜리아드를 배치하다가 마지막에
앞엣것보다 작은 것을 놓아 파격의 재미를 느끼게 하였다.

2 작은 필레아 페페로미오이데스와 커다란 몬스테라가 스케일의 대조를
극단적으로 보여준다. 여기에 중간 크기의 떡갈잎고무나무를 더해
디스플레이에 통일감과 균형감을 가져왔다.

1

2

1

2

모양 이해하기

식물은 생장 습관이 저마다 독특하지만,
대체로 우리가 조성하려는 디스플레이의 윤곽에
들어맞는 모양을 하고 있다.
그것들을 어떻게 배치하느냐에 따라
역동적인 인상을 주거나 가지런하고 균형 잡힌
패턴을 만드는 등 다양한 효과를 낼 수 있다.

모양이란?

실내 식물은 유전적 요인만큼이나 자라난 환경의 영향을 받아
생김새가 제각각이고, 따라서 윤곽선이 똑같은 식물은 없다.
그래도 실내 식물이라는 범주 안에서는 어떤 모양이 규칙적으로
생겨나는 경향이 있는데, 아래를 참고하면 식물들의 생김새를
구분하는 출발점으로 삼을 수 있다.

키가 크고 건축물처럼
뾰족한 모양

장미꽃
모양

반구형,
둥근 모양

늘어진
모양

비정형,
자유분방한 모양

모양의 조화

똑같은 식물, 또는 모양이 비슷한 식물 여러 개를 일렬로
늘어놓으면 조화로운 패턴이 만들어진다. 모양의 반복을 통하여
질서와 균형감을 줄 수 있다. 어느 한 가지 식물이 지배적이어서는
안 되며, 모든 식물의 시각적 비중을 비슷하게 하여 전체적으로
통일성과 단순함이 효과를 발하도록 한다.

키가 크고,
건축물 모양을 한
청산호

키가 크고,
건축물처럼 뾰족한
산세베리아

모양의 대조

다양한 모양의 식물들을 활용하면 운동감이 생기고,
시선이 디스플레이를 따라 흐르도록 유도할 수 있다.
다양한 모양들은 모험심과 긴장감을 불러일으키는 데 활용될 수 있는데,
모양이 서로 다른 식물들이 상호작용하는 방식에 따라
시선이 식물 그룹을 가로질러 이동한다.

키가 크고,
건축물처럼 뾰족한
알로에 베라

늘어진 모양의
겨우살이선인장

"디스플레이 안에
자연스럽고 물 흐르는 듯한
움직임이 만들어져
만족감이 느껴질 때까지
식물들의 자리를
이리저리 바꾸어보라."

모양 디자인

식물들의 모양을 활용하여 생활공간에
인상적인 디스플레이를 만들어내자.
한두 가지 강렬한 형태를 반복 배치하여
패턴을 만들 수도 있고, 눈에 띄는 형태의
식물들로 독특한 윤곽선을 만들어
시선이 디자인을 따라 이동하게 할 수도 있다.
주기적으로 가지치기를 해서
디스플레이를 관리하라.(194~195쪽 참조)

조화로운 모양으로 디자인하기

대칭을 이루는 디자인에서 볼 수 있는 반복되는 모양은 강력한
질서를 만들어낸다. 예컨대 키가 크거나 반구형으로 생긴,
윤곽선이 강하고 또렷한 식물들을 활용해보라.
한두 가지 식물만 제한적으로 활용하면 질서와 통제된 느낌을
줄 수 있다.

1

2

1 똑같이 키가 크고 건축물 모양을 한 산세베리아와 알로에가 강렬하고 대칭적인 디스플레이를 만들어내고 있다.

2 색깔은 달라도 모양이 같은 베고니아들이 통일감을 느끼게 한다.

3 반구형 솔레이롤리아를 반복해서 배치하면 시선이 탁자를 따라 이동한다.

대조적인 모양으로
디자인하기

여러 타입의 모양으로 이루어진 비대칭 디스플레이는 공간을 재규정하는 데 활용될 수 있다. 다양한 식물들의 독특한 시각적 특성을 활용하여 물 흐르듯 유기적인 디자인을 만들어내자. 단, 이때 눈에 띄는 불규칙한 틈새 때문에 흐름이 끊기는 일 없이 시선이 이동하도록 윤곽선을 잘 통제해야 한다.

1 더 큰 다육식물 트리오 중앙에 작은 다육식물 셋이 편안히 자리 잡도록 배치하여 변화를 꾀하면서 강한 통일감을 주는 그룹을 만들어냈다.

2 키 큰 몬스테라와 덩굴 드리운 스킨답서스가 대조를 이루고 그 사이에 중간 크기의 식물들을 배치하여 하나 되어 흐르는 듯한, 비대칭의 디자인을 완성하였다.

1

3

2

색깔 이해하기

자연에는 여러분의 작업에 함께할 수많은 색깔, 음영, 그리고 색조가 있다. 색깔은 감성적인 특성도 지니고 있다. 식물 디자인을 지배하는 색인 녹색은 평안과 위안을 준다. 빨강과 오렌지색은 온기와 에너지를 떠올리게 한다. 흰색은 순수하고 조용한 느낌을 불러일으킨다. 공간 분위기를 연출할 때 이러한 특성을 활용하라.

색깔의 조화

같은 색깔을 음영을 달리하여 배치하기만 해도 질서와 통제의 느낌이 만들어진다. 색상환의 좁은 영역에 한정하여 색을 배치하면 고요하고 차분한 분위기를 조성할 수 있다.
예컨대 색상환의 인접색들인 연파랑과 연노랑을 섞으면 전체적인 균형을 무너뜨리지 않고서도 리듬감에 변화를 줄 수 있다. 이때 색깔들은 단순함을 간직하면서도 서로 조화롭게 어울린다.

색깔이란?

단색은 혼합색과 다르게 작용한다. 색상환을 보면 이러한 작용을 알 수 있다. 혼합색은 모두 원색인 빨강, 노랑, 파랑 사이에 놓인다. (그래서 예컨대 녹색은 파랑과 노랑 사이에 있고, 이 두 색이 합쳐져 녹색이 된다.) 색상환 가운데로 갈수록 점점 더 밝은 색조를 띠며, 바깥쪽으로 갈수록 더 어두워진다.

색상환은 색조, 농담, 명암, 그리고 음영에 따라 모든 색깔을 보여준다.

같은 범위의 색조와 농담을 공유하는 **인접색들**은 조화로운 상호작용을 한다.

색상환의 **반대색들**은 대조와 활기를 만들어낼 수 있다.

황록색　　　청록색　　　남보라색

색깔의 대조

빨강과 녹색 또는 노랑과 보라처럼 색상환에서 가장 거리가 먼 반대색들을 활용하면 디스플레이에 곧바로 에너지를 더할 수 있다. 좀 더 미묘한 효과를 내고 싶으면 색상환의 같은 고리 안에 있는 세 가지 색(예컨대 녹색, 오렌지색, 보라색)을 함께 사용해보라. 여전히 대조적이기는 해도 두 반대색이 내는 것만큼 높은 에너지를 내지는 못할 것이다.

"당신만의 예술가 팔레트를
　만들어낼 수 있을 만큼
　자연은 놀랍도록 다양한 색들을
　제공한다."

색깔 디자인

색깔은 감성을 자극한다. 원하는 분위기에
맞는 색깔로 디스플레이를 디자인하라.
평온함을 느끼고 싶다면 녹색과 흰색을
시도해보라. 활기찬 디스플레이를 원하면
불같은 오렌지색과 빨강을 섞어보라.
시원한 색들은 공간감을 느끼게 하고,
따뜻한 색들은 안락한 느낌을 불러일으킨다.

조화로운 색깔로 디자인하기

차분하고 질서 있는 배치를 위해서는 각 식물이 가진 색깔을
부드럽게 섞을 필요가 있다. 녹색 일색의 팔레트가
세련되기는 하지만, 단조로운 느낌을 피하려면 다른 요소들을
가미해 변화를 줄 필요가 있다. 팔레트에 인접색들을 더하면
차분함과 질서를 유지하면서도 또 다른 분위기를 낼 수 있다.
시원한 색깔들은 대체로 공간감을 느끼게 해준다.

1 보라색 꽃과 잎이 다양한 식물들을 조화롭게
아울러, 부드럽고 따뜻이 맞아주는 듯한
분위기를 내고 있다.
2 적록색 칼랑코에부터 흰줄무늬 하월시아 아테누아타까지,
작은 다육식물들의 디스플레이가
녹색의 미묘한 변주를 만들어내고 있다.
3 칼라테아 랑키폴리아(앞쪽)의 변화무쌍한 녹색 잎들이 뒤쪽의
떡갈잎고무나무와 꽤 흥미로운 짝을 이룬다.

2

3

"색깔은 감각에 영향을 주고
독특한 분위기를 만들어내는
강력한 수단이다."

1

대조적인 색깔로 디자인하기

따뜻한 색들은 공간에 친밀감을 낳는다.
따뜻한 색이 녹색과 맞바로 대조를 이루면
디스플레이에 극적인 효과를 더해준다.
시선을 끄는 디스플레이를 위해, 혹은
식물들 사이에 대담하고
생기 넘치는 관계를 만들어내고 싶을 때
이를 활용하라.

1 붉은 점토 화분 위에 솟은 선명한 오렌지색
호접란이 디스플레이의 초점으로 도드라진다.

2 붉은색 변종으로 포인트를 준 착생식물
디스플레이.

3 분홍색과 녹색이 대조를 이룬, 우아하면서도
화려한 디자인.

질감 이해하기

질감은 디자인상의 미묘한 특징이 될 수 있으며,
디스플레이에 중요한 감각적 요소를 제공한다.
표면의 유형에 따라 식물이 빛과 어두움과
상호작용하는 방식이 결정되며, 이를 통해
한 식물의 독특한 자태가 드러난다.
예컨대 벨벳 촉감의 잎들은 보드라운 깔개 같은
인상을 주고, 매끄럽고 윤기 있는 이파리들은
산뜻하고 밝은 깔끔한 이미지를 제공한다.

질감이란?

질감은 식물의 이파리와, 그것이 빛과 어두움과 상호작용할 때 내는
효과를 말한다. 언뜻 촉각과 관계있다고 생각하기 쉽지만,
여기에서는 질감을 주로 시각적 디자인 요소로 다룬다.
예컨대 백도선선인장이라면 부드러워 보이는 부분보다는
뾰족한 가시들에 주목한다.

깃털 같은

벨벳 같은, 깔개 같은

도톰한,
살집이 좋은

매끈한,
윤기 있는

뾰족한
가시가 난,
거친

질감의 조화

질감이 비슷한 식물들이 모여 있으면 그 잎들을 비추는 빛과 그늘이
일관된 성질을 띠면서 예컨대 색깔이나 크기 같은
시각적 차이와 무관하게 식물들 사이에 관계를 만들어낸다.
이 관계가 디스플레이를 하나로 묶어 전체에 균형과
단순성을 부여한다.

겨우살이선인장

" 질감은 식물의 잎이 지닌
시각적인 특성을 통해
디스플레이에 또 다른 차원을
더해준다."

솔레이롤리아

백도선선인장

옥주염

질감의 대조

질감의 강한 대조는 극적 효과와 흥미를 자아낸다.
대조가 강할수록 각 식물의 독자성도 강조된다.
반지르르한 잎을 가진 식물의 깔끔하고 산뜻한 잎과
거칠고 제멋대로 생긴 깃털 같은 잎의 대비,
또는 다육식물의 볼록하고 도톰한 잎과
선인장의 뾰족한 가시의 대비를 생각해보라.

"가벼운 깃털 같은 잎은
촘촘하고 단단한 잎에 비해
덜 무거워 보이므로,
질감이 서로 다른 식물들이
모인 디스플레이에 균형감을
주려면 가벼운 느낌의
식물들을 더 많이 써야 한다."

질감 디자인

질감은 디스플레이의 분위기를 자아내는
핵심 요소이다. 어떤 질감의 식물을 선택하느냐가
디스플레이의 톤과 식물들이 놓인 공간의
분위기를 결정한다. 질감의 조화와 대조 중
어디에 비중을 두느냐가
디자인의 초점과 강조점을 좌우한다.

조화로운 질감 디자인

한데 모인 식물들이 같은 방식으로 빛과 상호작용하면,
즉 빛을 흡수하거나 반사해서 질감이 비슷한 빛과 어둠의 패턴을
만들어내면 전체를 하나로 묶는 통일성이 생겨난다.
질감이 비슷한 것들을 그와 대조되는 것들과 잘 조합하면 흥미를
불러일으킨다. 다만 지나치게 반복하면 단조로워질 수 있다.

1 구조가 다르지만 똑같이 윤기가 나는 금전수(왼쪽)와
페페로미아(오른쪽)가 역시 광택이 나는 화분에 힘입어
강한 유대감을 형성한다.

2 용신목선인장(왼쪽)과 쥐꼬리선인장(오른쪽)은
거의 모든 면에서 대조적이지만, 가시 질감이라는 공통점이
조화의 포인트를 제공한다.

3 제멋대로 퍼진 것 같은 한 무리의 착생식물들이
비슷한 질감 덕분에 통일감을 느끼게 한다.

4 질감은 대조적인 색깔들도 조화롭게 엮어준다.
두 개의 보라색 벨벳 질감 식물과 에케베리아(왼쪽),
칼랑코에(오른쪽)를 조합했다.

대조적인 질감 디자인

다양한 질감의 식물들을 한데 모으면 각각의 질감이
디스플레이에 부여하는 분위기가 저마다 달라서
흥분과 긴장감이 조성된다. 서로 다른 질감들을 결합할 때에는
혼란스러운 인상을 주는 데 그치지 않도록 세심하게
균형을 맞추어야 한다. 대조에 눈길이 끌리면서도
그 안에서 리듬감을 느낄 수 있게 빛과 어둠을
디자인 전체에 적절히 안배해야 한다.

1 다육식물의 살집 도톰한 잎들이 이끼의 예쁜 잎들과
흥미로운 대조를 이루고 있다. 이끼 카펫의 섬세함이
다육식물의 관능미를 돋보이게 한다.

2 더 크고 더 거친 벨벳 질감의 잎을 가진 토끼발고사리를
잎이 더 부드럽고 우아한 보스턴고사리(왼쪽)와
잎이 여린 아디안툼 라디아눔(오른쪽) 사이에 끼워 넣었다.

1

2

3

4

1

2

화분 이해하기

실내 식물 디스플레이에서 꼭 필요한 것이 화분의 선택이다.
무난한 화분들이 식물들을 하나로 묶는 배경막 노릇을 하는 데 비해,
한 가지 이상의 디자인 요소를 강조하는 대담한 화분은
식물의 가장 뛰어난 특질을 두드러지게 하고
그것을 주변 환경과 결합시킴으로써 초점을 형성한다.

스케일

같은 식물들도 화분의 스케일이 달라지면
관계가 달라질 수 있다. 서로 다른 식물들도 스케일이 같은
어울리는 화분들에 심으면 통일감을 낼 수 있다.

모양

화분의 모양은 식물들의 성장 습관과 조화나 대조를 이룰 수 있다.
즉, 식물의 자연스러운 모습을 반영하고 강조하거나,
대조를 통하여 흥미와 극적 효과를 자아낼 수 있다.

"자기가 좋아하는 옷차림에
안성맞춤인 액세서리들처럼,
화분은 실내 식물 디스플레이의
화룡점정이다."

색깔

질감

화분의 색깔과 패턴을 이용해 식물의 특성을 강조할 수 있다.
화분과 식물의 줄무늬가 어우러지고 색깔이 호응해
식물의 미묘한 특색이 도드라지도록 할 수 있다.

화분의 표면이 식물 잎의 질감을 보완하거나
그것과 정확히 대조되게 함으로써
독특하고 흥미로운 디스플레이를 만들어낼 수 있다.

" 눈길을 끄는
   디스플레이를 위해,
   빈티지 숍에서 재미나고
   색다른 화분을 물색하라."

화분 디자인

화분 선택은 모험적으로 하라.
거의 모든 것이 화분이나
화분 슬리브가 될 수 있다.
일반 화분이나 테라리엄뿐 아니라
낡은 살림 도구들도 재활용해
화제가 될 만한 디스플레이를 구성하라.

1 소박한 흰색 쟁반이 솜털로 덮인 착생식물들의 모습과
조화를 이루고 있다.

2 유리 테라리엄 안에 360도 감상이 가능한
완벽한 미니어처 정원을 꾸밀 수 있다.

3 장식용 유리방울이 양치식물과 덩굴식물을 담은
행잉 테라리엄 역할을 하고 있다.

4 뿌리가 자라는 모습을 볼 수 있는 투명한 유리 단지 안에
봄철 알뿌리식물을 넣어 키워보라.

5 깨끗한 통조림 캔 바닥에 배수공을 뚫어
선인장 화분을 만들어보라.

6 빈티지 물병이 독특한 장식용 난초 화분으로 변신한다.

7 벽걸이 화분이 박쥐란을 살아 있는 예술품으로 만들어준다.

8 고전적이면서도 모던한 화분이 에케베리아의 생김새와
완벽한 대조를 이루고 있다.

2

3

4

5

6

7

8

상상력을 활용하라
창의성을 조금만 발휘하면
거의 모든 것을 디스플레이에
활용할 수 있다.
제각각인 것 같은 유리그릇들이
다육식물들의 이파리 색깔과
조화를 이루고 있다. 게다가
배양토와 뿌리까지 보여준다.

밝은 빛을 고려한 디자인

운 좋게도 집 안에 밝은 빛을 듬뿍 받을 수 있다면
(180~181쪽 참조), 양지식물들로 놀랄 만큼
멋진 디스플레이를 디자인할 기회라고 생각하라.
밋밋한 창문을 위에서 아래까지 초록 잎들로
풍성하게 채워보라. 천창 아래에 행잉 가든을
만들어보라. 이때 노출되는 일조량에
잘 적응할 수 있는 식물을 선택해야 한다는 점을
잊지 말자.(100~175쪽 「실내 식물 프로파일」 참조)

1

1 밝은 빛을 최대한 이용할 수 있는 창턱에
크기와 모양이 서로 다른 양지식물들을 모아놓았다.

2 직사광이 드는 환한 곳에 물꽂이(96~99쪽 참조)한 것들을
놓으니 예쁘고 실용적인 디스플레이가 되었다.

3 반다 난(115쪽 참조)을 뿌리가 드러나게 하여
창문 안쪽에 매달아보라. 배양토 없이도 가능하다.

4 야생에서는 키 큰 나무의 가지로부터 잎을 드리운 난을
흔히 볼 수 있다. 그 모습을 본떠서 직사광을 피해
천창 아래에 난들을 매달았다.

5 형형색색의 난들을 여러 층으로 배치하여
작은 창문을 꽃으로 가득 채웠다.

6 행잉 허브 플랜터로 부엌 창을 효과적으로 활용하고 있다.

4

2

3

5

6

약한 빛을 고려한 디자인

집 안에 햇빛이 많이 안 든다고 실망하지 말라.
은은한 빛을 좋아하는 식물들이 많이 있다.
자연 상태에서 나무 그늘 속 약한 빛을 받으며
자라는 식물들 중에는 음지에서 번성하는 것도
있다.(180~181쪽 참조) 약한 빛을 고려한
디자인을 할 때 이 점을 영감의 원천으로 삼아,
거실에 숲속 풍경을 떠올리게 하는
무성한 초록빛을 더하라.

1 크고 광택 있는 잎을 가진 관엽식물과 벽을 타고 오르는
덩굴식물들이 도시의 집 안에 정글의 느낌을 주고 있다.

2 자연 상태에서 빽빽한 숲의 그늘에서 성장하는 난초들,
예컨대 이 호접란은 약한 빛에 잘 적응한다.

3 이 숲속 식물들은 반양지나 반음지에서 잘 자랄 것이다.
(왼쪽부터 토끼발고사리, 솔레이롤리아, 큰봉의꼬리)

4 젖은 자갈을 담은 그릇을 풍성한 깃털 같은 잎을 가진
숲속 고사리들 곁에 두어 촉촉하고 신선한 느낌을 주게 했다.
(왼쪽부터 크로커다일고사리, 보스턴고사리)

5 꽃나무와 얼룩무늬 잎 식물을 이용해 약한 빛 디스플레이에
색깔의 반짝임을 더했다.(가운데의 점박이베고니아를 보라.)

습도를 고려한 디자인

습기를 좋아하는 식물들은 대체로 정기적인 분무와
돌봄을 필요로 한다. 그런데 집 안에 이들이
잘 자랄 수 있는 습한 공간이 이미 있다면?
습기를 잘 활용하여 당신의 디자인에 대담하게
도입해보라. 부엌을 정글로 과감히 바꾸어보라.
욕실 안을 살아 있는 벽과 디스플레이로 채워보라.
부엌과 욕실은 고사리나 브로멜리아드,
착생식물 들이 좋아하는 습기가 자연스럽게
서리는 곳이니까.

1 브로멜리아드의 선명한 잎과, 습기를 좋아하는
알로카시아 아마조니카가 대조를 이룬 욕실 디스플레이.

2 집 안의 습한 공간에 고케다마 행잉 가든(76~79쪽 참조)을
조성했다.(왼쪽부터 보스턴고사리, 무늬접란, 큰봉의꼬리)

3 러브체인이 뻗어나가면서 욕실 선반의 분위기를
살려주고 있다.

4 깃털 같은 잎들이 습기 있는 곳에서 푸르고 싱싱하게
자라도록 하라.(왼쪽부터 솔레이롤리아, 아디안툼 라디아눔, 녹영)

5 공기 속 습기를 빨아들이는 착생식물들을 철사 구조물이나 스탠드를
이용해 습기 찬 방에 배치하였다.(56~59쪽 참조)

6 늪처럼 축축한 곳을 좋아하는 식충식물들은
습도 높은 공간에서 잘 자란다.

2

3

5

6

공간을 고려한 디자인

크든 작든, 모든 생활공간은 창의적으로
실내 식물 디자인을 할 기회를 충분히 제공한다.
바닥 공간에 여유가 전혀 없다면 머리 위에
식물들을 매달아보라. 비어 있는 벽이 있다면
미술품 대신에 식물들로 선반을 채워
조형미 넘치는 디스플레이를 시도해보라.
상상력을 조금만 발휘하면 어떤 공간이든
실내 오아시스로 바꿀 방법은 무궁무진하다.

1 덩굴식물 아닌 것을 천장 아래에 매달고 싶다면
밑에서 보기에 매력적인 장식용 화분을 활용하라.
들보와 서까래가 있는 집이라면 잎들이 들보에서
서까래를 따라 기어오르며 자라도록 덩굴식물들을 매달아보라.

2 정원에서만 덩굴식물들을 기를 수 있는 것이 아니다.
빈 공간을 채우면서 실내 벽을 타고 오르도록 만들 수도 있다.

3 키 큰 선반 세트를 엄선된 식물들로 채워,
나만의 '녹색 총서'를 꾸며보라.

4 잎이 무성한 행잉 플랜트들을 한데 모아
'살아 있는 커튼'을 만들라.

5 테라리엄(64~67쪽, 84~87쪽 참조)을 활용해
좁은 공간에 미니어처 정원을 만들라.
구석구석 꼼꼼히 감상할 수 있게 눈높이에 맞춰 배치하라.

6 어떤 공간이든 식물 디스플레이 디자인에 활용할 수 있다.
예컨대 계단은 눈높이에서, 또는 오르내리면서
식물들을 감상할 수 있게 해준다.

2

3

5

6

웰빙 디자인

실내 식물 디자인에는 시각적 아름다움 이상의
것이 있다. 식물들은 단순한 장식물이 아니다.
우리의 스트레스 지수를 낮추어주고,
집 안을 향기로 채워주며,
우리가 숨 쉬는 공기 속의
오염 물질을 없애주기까지 한다.(46~47쪽 참조)
이 이점들을 한껏 누리고 싶다면
다음 조언들을 따르라.

실내 식물은 어떤 도움을 주나?

여러 연구를 통하여 확인된바, 집이나 사무실 같은 실내에서
식물을 키우면 분명한 심리적 효과를 얻을 수 있다.
일정 시간 식물과 함께 생활하고 일한 실험 참가자들은
평균적으로

- 감정지수가 개선되고
- 스트레스를 덜 받고
- 스스로 더 생산적이라 느끼고
- (몇몇 연구에서) 주의 집중 시간이 향상되었다.

마음챙김을 위한 디자인

평소에 공원이나 숲을 거의 접하지 못한 채 꽉 짜인 도시 환경
속에서 살아가는 현대인은 대자연을 즐길 기회가 부족하다.
연구들에 따르면, 식물로 가득한 환경에서 생활하고 일하는
사람들은 정신적 웰빙을 눈에 띄게 향상시킬 수 있다.
집 안 곳곳에, 특히 가장 많은 시간을 보내는 공간에 초록빛을
더하면 일상을 잘 영위할 수 있는 더 차분한 환경이
조성될 것이다. 특히 큰 길거리 쪽 창문 가까이에
식물들을 놓아서 자연이 눈에 들어오게 하라.

1 자연을 접하기 어려울 때 집 안을 식물로 채우면
기분이 고양된다. 효과를 최대로 보고 싶으면,
정신을 자극하고 기분이 좋아지도록 천장까지
초록 잎이 가득한 실내 정글을 만들어보라.

오감을 위한 디자인

향기로운 실내 식물들은 어떤 식물 디자인에서든 새로운 차원의
감각을 더해준다. 봄의 정경과 내음을 떠올릴 수 있도록,
사람들은 일 년 중 가장 음울한 계절에 알뿌리식물과
향기로운 식물들을 집 안에 들인다. 현관 앞이나 방문 근처에
그것들을 두어 밝은 빛과 향기로 당신을 맞이하게 하라.
곁을 지날 때마다 은은한 향을 느낄 수 있을 것이다.

1 넬리 아일러(왼쪽)와 거미란은 둘 다 꽃향기가 엄청나다.
2 마다가스카르자스민은 향기 디자인에 쓰이는
대표적인 식물이다.
3 지나가다 타임 덤불을 쓰다듬으면 근사한 향기를 낸다.
4 좀 더 규모가 큰 디스플레이에서는 향기가 과하지 않도록
향기 나는 식물과 그렇지 않은 것을 조합하라.
(왼쪽부터 스파티필룸, 호야, 시클라멘)
5 겨울에 향기와 색을 즐길 수 있도록 무스카리 알뿌리를
'앞당겨 싹트게' 하라.(198~199쪽참조)

공기 정화를 위한 디자인

실내 식물들은 기분을 고양시켜줄 뿐 아니라, 집과 사무실의 공기 안에 있는
포름알데히드와 벤젠 같은 오염 물질들을 걸러줌으로써
우리 몸의 건강과 웰빙에도 도움을 준다.

화장품, 커튼, 세정제를 비롯해 많은 일상용품들에서 발견되는
이 화학물질들은 오랜 시간에 걸쳐 대기 속으로 방출되며,
통풍이 잘 안 되는 건물 안에 축적된다. 이렇게 오염된 공기가 일정한 양을
넘어서게 되면 두통, 피로, 눈·코·귀·목의 염증을 일으킨다.

다행스럽게도 실내 식물이 도움이 된다. 연구 결과에 따르면,
식물들은 호흡하면서 이 화학물질들을 흡수해 실내 공기 속의
오염 물질들을 걸러내고, 우리가 숨 쉬는 공기를 더 깨끗하고 건강하게
만들 수 있다. 집 안을 공기 정화 기능을 지닌 식물들로
가득 채우기에 이보다 좋은 구실이 있을까?

드라세나 마지나타

스파티필룸

아글라오네마

무늬접란

공기 정화를 위한 최고의 식물들

대개의 식물이 어느 정도 공기 정화 기능을 가지고 있지만,
몇몇 식물은 공기 속의 특정 화학물질을 제거하는 능력이 특히 뛰어나다.

포름알데히드 제거:

- 스파티필름
- 아글라오네마

포름알데히드와 벤젠 제거:

- 무늬접란
- 드라세나 마지나타
- 산세베리아
- 인도고무나무
- 보스턴고사리
- 스킨답서스
- 금전수
- 관음죽

벤젠 제거:

- 크라슐라
- 엽란
- 디펜바키아
- 켄차야자

인도고무나무

산세베리아

크라슐라

바깥 풍경을 집 안으로
초록 잎이 무성한
나만의 실내 오아시스를
만들어낼 수 있다면
굳이 정원이 필요할까?
활용 가능한 모든 공간을
기분을 끌어올리고
공기를 정화하는
실내 식물들로 채운 인공 숲.

실내 식물 프로젝트

사막 미니 정원

한 화분에 선인장과 다육식물을 모아놓으면 저마다 다른 개성이 잘 드러난다.
선인장들은 뿌리가 얕으므로 화분이 깊을 필요가 없는 대신,
반드시 적절한 배수 장치를 갖추어야 한다. 화분에 배수공이 없다면
배양토 아래에 자갈을 한 켜 깔아줌으로써 물이 고이는 것을 막을 수 있다.

준비물

식물

- 선별된 선인장과 다육식물,
  그리고 비슷한 돌봄이 필요한 백도선선인장,
  금호선인장, 산세베리아 같은 식물들

기타 재료

- 깊지 않은 장식 화분
  (배수공이 있으면 더 좋음)
- 고운 자갈
- 활성탄
- 선인장 배양토
- 장식용 둥근 조약돌과 잔돌들

도구

- 물주기용 작은 쟁반
- 숟가락 혹은 작은 모종삽
- 디버
- 손 보호용 선인장 장갑
- 먼지떨이용 작은 솔

1 물을 채운 작은 쟁반에 화분들을 놓아 선인장과 다른 식물들이 충분히 물을 머금도록 해준다. 이렇게 하면 새로운 배양토에 뿌리 내리는 데 도움이 된다.

2 화분 바닥에 대략 2.5cm 두께로 고운 자갈을 한 켜 깐다. 균류가 번식하지 못하게 활성탄을 두어 숟가락 섞어준다. 그 위에 5~7.5cm 두께로 선인장 배양토를 고르게 깐다.

3 식물들을 원래의 화분에 담은 채로 배치가 마음에 들 때까지 배양토 위에 배열한다. 성장을 고려하여 여유 공간을 넉넉히 둔다. 배치가 만족스러우면 심을 자리를 기억하면서 식물들을 들어낸다.

4 첫 번째 식물을 고른다. 배양토에 뿌리 뭉치가 충분히 들어갈 만한 구덩이를 디버로 판다. 장갑을 끼고, 식물을 화분에서 꺼내 뿌리에 붙어 있는 흙을 부드럽게 빗질하듯 털어낸다. 나머지 식물들도 똑같이 해준다.

5 숟가락에 배양토를 담아 식물들 사이의 틈새를 꼼꼼히 채운다.
숟가락 뒷면이나 디버로 배양토를 다져준다.

6 배양토의 표면을 조약돌과 잔돌들로 장식한다.

관리법

온도 10~30℃
빛 양지/여름에는 반양지
습도 낮음
돌보기 쉬움

물주기 배양토가 완전히 마르면 물을 주어야 한다.
생활공간의 조건에 따라 다르지만, 3~4주 간격이 보통이다.
배양토가 흠뻑 젖도록 주되 지나치지 않도록 하며,
특히 화분에 배수공이 없는 경우 뿌리가 썩을 수 있으므로 주의해야 한다.
10월~3월은 물을 주지 않는다.

유지 관리 식물의 가시에 달라붙은 배양토는 부드러운 솔로
가볍게 털어낸다. 가을부터 봄까지는 햇빛이 드는 창턱에 둔다.
햇빛이 강한 여름에는 창에서 멀리 떨어진 곳으로 옮긴다.
겨울에는 외풍을 잘 살펴서, 필요할 경우 자리를 바꾸어준다.

착생식물 스탠드

뿌리가 없는 착생식물은 생존을 위한 토양이 필요 없으므로
야생에서 바위 표면에 달라붙어 있거나 나뭇가지에 매달려 있기도 한다.
그런 자연 서식지를 본떠, 접착제나 끈 없이도 한 무리의 착생식물들이
제자리에 붙박여 편안히 자랄 수 있게 해주는 나무 스탠드를 만들어보자.

준비물

식물
- 장식용 이끼와 바위옷
- 모양, 색깔, 크기가 다양한
  여러 착생식물들
  (174~175쪽 참조)

기타 재료
- 유목(流木), 포도나무,
  코르크 나무껍질,
  또는 나무고사리처럼
  갈라진 틈과 구멍들이 많은,
  손질하지 않은 거친 나무토막
- 작은 나뭇가지
- 원예용 철사

도구
- 물담그기용 큰 그릇
- 와이어 커터
- 글루건(선택 사항)

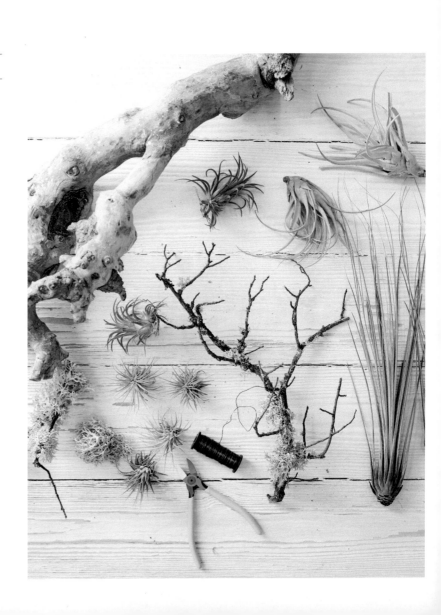

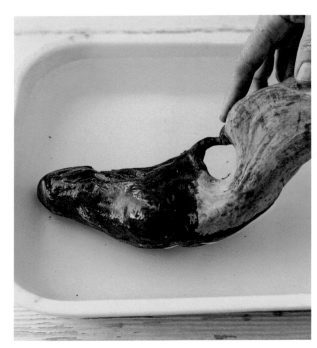

1 바다 유목을 사용할 때에는 미리 물에 충분히 담가서 남은 소금기를 완전히 빼야 한다. 유목의 소금기를 제거하려면 몇 주에 걸쳐 두어 번 물갈이를 해주면서 민물에 담가둔다.

2 이끼 조각을 얹은 작은 가지를 그보다 큰 나무토막 위에 올린다. 이는 장식 역할과 더불어, 작은 착생식물들을 배치할 수 있는 플랫폼 역할도 한다.

3 작은 가지가 나무토막에 잘 붙어 있도록 적어도 두 번 이상 철사를 둘러 고정한다.

4 이끼와 바위옷 뭉치들을 철사나 접착제를 써서 큰 나무토막에 고정한다. 접착제를 사용할 경우, 풀이 완전히 굳을 때까지 기다렸다가 착생식물들을 추가로 배치한다.

5 착생식물들을 나무토막의 자연스레 생긴 틈새에 조심스럽게 올린다. 그보다 가볍고 섬세한 착생식물들은 작은 가지를 따라 배치할 수도 있다. 착생식물의 자리를 잡을 때에는 접착제를 쓰지 않는다. (오른쪽 설명 참조)

관리법

온도 15~24°C
빛 반양지
습도 높음
돌보기 쉬움

물주기 빗물이나 증류수를 일주일에 한 번 준다.(185쪽 참조)
미지근하거나 실내 온도와 같은 온도의 물을 주어야 한다.
차가운 물은 식물들에 충격을 줄 수 있다. 부드러운 행주 위에 올려서
물기를 완전히 뺀 다음에 스탠드에 되돌린다.
일주일에 2~3번 분무해주는 방법도 있다.

유지 관리 스탠드를 반양지에 둔다. 식물들이 성장할 공간을
확보해주어야 한다. 지금 있는 자리가 비좁아지면 스탠드 위의
더 넓고 더 안정적인 자리로 옮긴다.

착생식물을 배치할 때에는 접착제나 철사를 절대로 쓰지 말라.
식물들을 물에 담그기가 너무 어려워질 뿐 아니라,
접착제에 든 화학물질이 식물들에게 아주 해로울 수 있다.

마크라메 행거

노끈이나 로프를 매듭지어 장식하는 기법인 마크라메를 활용해,
좋아하는 실내 식물을 디스플레이하는 데 쓸 심플한 행거를 만들 수 있다.
구멍 뚫린 나무 구슬과 면으로 된 노끈으로, 옆의 사진에서 보는 것 같은
심플하고 모던한 풍경을 연출해보라. 아니면 금속 구슬이나 표백하지 않은 밧줄 같은
색다른 재료들을 이용해 나만의 독특한 마크라메 행거를 디자인해보라.

준비물

식물
- 지름 15cm 화분에 맞는 식물
  (예: 아디안툼 라디아눔)

기타 재료
- 10m 길이의 질기고 늘어나지 않는
  노끈이나 실(예: 면 로프)
- 나무 고리
- S자 갈고리
- 염주 모양 나무 구슬 8개
  (큰 것 4개, 작은 것 4개)
- 위의 식물에 어울리는
  장식용 화분 슬리브

도구
- 자 또는 줄자
- 가위

1 면 로프를 잘라 220cm짜리 4개와 50cm짜리 2개를 준비한다.
나무 고리에 긴 로프 4가닥을 꿰어 반으로 접는다.
나무 고리 바로 밑에서 로프들을 한 손에 모아 쥐고 나머지 부분을
아래로 늘어뜨린다.

2 짧은 로프 하나를 들어 한쪽 끝에 올가미를 만든다.
오른손의 늘어뜨린 로프들 위에 올가미가 놓이게 한다.
올가미의 긴 꼬리와 짧은 꼬리가 모두 나무 고리 위에 오게 한다.

3 올가미의 긴 꼬리로, 올가미와 늘어뜨린 로프들을 나무 고리
가까운 데부터 먼 쪽으로 5바퀴 단단히 감아준다.
긴 꼬리의 남은 부분을 올가미 고리에 꿴다.

4 올가미의 짧은 꼬리를 당겨 5바퀴 돌려 감기 한 부분 안으로
올가미 고리가 미끄러져 들어가게 한다. 양쪽 꼬리를 돌려 감기 한
부분 가까이에서 잘라낸 뒤 안으로 밀어 넣어 매듭을 완성한다.
이 기법을 '래핑 매듭'이라고 한다.

5 S자 갈고리에 나무 고리를 매단 뒤 아래로 늘어진 8개의 로프 길이가 같은지 확인한다. 8개의 로프를 4쌍으로 나눈다. 작은 구슬 하나와 큰 구슬 하나를 각각의 짝지어진 로프에 꿰어 나무 고리 30cm쯤 아래에 오게 한다.

6 이웃한 2쌍의 로프에서 1가닥씩 가져와 구슬의 8cm쯤 아래에서 매듭을 지어 묶는다. 그리고 그로부터 6cm쯤 아래에서 다시 옆의 로프와 매듭을 짓는다. 그러면 로프들이 그물 모양을 하게 된다.

7 이들 매듭의 약 6cm 아래에서 로프를 모두 모은 뒤 남아 있던 짧은 로프로 한데 묶어 래핑 매듭을 만든다.(앞의 2~4단계 참조) 매듭이 단단한지 확인한 뒤, 로프들의 남은 부분을 원하는 길이에 맞춰 잘라낸다.

8 마지막으로, 장식용 화분 슬리브가 행거 안에 안정적으로 자리 잡게 한다. 선택한 식물을 그 안에 조심조심 담는다.

관리법

물주기 물을 줄 때에는 식물을 화분과 함께 조심스럽게 행거에서 빼내 끈이 더러워지거나 썩는 일을 막는다.

유지 관리 식물을 디스플레이하기 전에 S자 갈고리를 살짝 들어 올려서 무게를 가늠해본다. 이때 래핑 매듭들이 견고하게 형태를 유지해야 한다. 행거 안의 화분이 불안정해 보이면 행거에서 빼낸 뒤 안전하다는 확신이 들 때까지 매듭을 고쳐 묶는다.

식물이 자라면 행거 둘레의 위에서 아래로 무성하게 잎을 드리울 것이다. 너무 커져서 분갈이가 필요해지면 굳이 더 큰 화분에 담아 행거에 다시 욱여 넣지 말고, 15cm 크기의 다른 식물로 교체하라.

유리병 테라리엄

테라리엄은 식물이 자랄 수 있는 따뜻하고 습한 미기후 환경을 그 안에 만들어주는
덮개 없는 유리그릇이다. 이 마개 없는 유리병 테라리엄에 어울리는,
다양한 잎 모양과 색깔을 한 초록 잎 식물들을 골라보라.
그중 하나는 모임에서 두드러지는 '주연급' 식물로 고르되,
식물들 모두가 성장할 공간을 고려해 너무 빽빽한 배치가 되지 않도록 주의한다.

준비물

식물
- 작은 고사리류, 페페로미아,
  피토니아 같은 습기를 좋아하는
  관엽식물들(중심이 되는 큰 식물 하나 포함)
- 장식용 이끼류(선택 사항)

기타 재료
- 넓고 뚜껑이 없는, 무거운 유리병 또는
  유리 단지
- 고운 자갈
- 활성탄
- 다용도 배양토
- 장식용 조약돌(선택 사항)

도구
- 디버
- 꼭지 달린 작은 물뿌리개

1 배수를 위해 유리병의 밑바닥에 약 2.5cm 두께로 고운 자갈을 한 켜 깐다. 균이 번식하지 못하도록 활성탄을 몇 숟가락 섞어준다.

2 활성탄을 섞은 자갈층 위에 5~7.5cm 두께로 배양토를 평평하게 깔아준다. 중심이 되는 식물의 뿌리 뭉치와 같은 크기의 구덩이를 배양토에 판다.

3 주연이 될 식물을 화분에서 꺼내 건강하게 자랄 수 있도록 뭉친 뿌리들을 풀어준 뒤, 파놓은 구덩이 안에 조심스럽게 집어넣는다.

4 식물이 있는 바닥 주위의 배양토를 디버로 다진다.
나머지 식물들에 대해서도 3~4의 작업을 반복한다.

5 원할 경우, 장식용 이끼류나 조약돌을 배양토 표면에 깐다.
유리병 안을 조심스럽게 닦아낸다.

관리법

물주기 꼭지 달린 작은 물뿌리개로 물을 준다. 한데 모인 식물들과
반쯤 닫힌 공간이 습기를 가두어 습도가 높은 환경을 만들어내므로,
물을 너무 많이 주지 말아야 한다. 배양토가 완전히 말랐을 때에만 물을 준다.

유지 관리 밝은 곳에 두되 직사광은 피한다.
유리를 통과한 직사광이 잎들을 시들게 할 수 있다.

버드나무 정글짐

덩굴식물들을 위한 이 간단한 지지대는 빠르고 쉽게 만들 수 있으며,
식물들의 무성한 잎에 가리기 전에도 자신의 매력적인 모습을 뽐낸다.
기본 구조를 숙지하기만 하면, 식물들이 격자형 울타리나
사다리를 타고 오르게 하거나 벽을 따라 퍼져나가게 하는 등
좀 더 야심찬 덩굴식물 프로젝트에 이 기법을 적용할 수 있다.

준비물

식물
- 필로덴드론, 호야,
  마다가스카르자스민 같은 덩굴식물

기타 재료
- 배수공이 있는 묵직한 화분
- 실내 식물용 또는 다용도 배양토
- 잘 휘는 버드나무 막대기 7개(1m 이상)
- 원예용 삼실

도구
- 전지가위

1 화분에 배양토를 채운다. 화분 가장자리를 따라 돌아가며 같은 간격으로 6개의 버드나무 막대기를 꽂는다.

2 화분 중심 위쪽 적당한 높이에서 막대기들을 한데 모아 긴 삼실로 단단히 묶어준다. 전지가위로 막대기들의 꼭대기 쪽 여분을 잘라낸다.

3 하나 남은 버드나무 막대기로 지지대 높이의 대략 3분의 1 되는 지점에서 막대기들을 엮어준다. 미끄러져 내리지 않게 삼실로 단단히 묶는다. 완성된 틀을 화분에서 꺼내 한쪽에 둔다.

4 배양토에 뿌리 뭉치 크기의 구덩이를 파서 식물이 자리 잡게 한다. 이때 원래 화분에서 있던 높이와 같은 높이에 식물을 앉혀야 한다. 새 배양토로 틈새를 모두 채우고 가볍게 다져준다.

6 긴 줄기들을 막대기에 하나씩 둘러 엮어준다.
더 굵고 무거운 줄기들은 삼실로 묶어주어야 할 수도 있다.
이때 너무 단단히 묶지 않도록 주의한다.

관리법

물주기 봄부터 겨울까지 배양토를 촉촉한 상태로 유지한다.
겨울에는 배양토 표면이 말라 보일 때 물을 주는 식으로
습도를 낮춘다. 여름에는 필요할 때 며칠에 한 번씩 분무한다.

유지 관리 식물이 자라는 것에 맞춰 필요하면 지속적으로
줄기를 버드나무 막대기에 엮는 작업을 해준다.
식물이 버드나무 정글짐보다 커지면 대개는 가지치기로
크기와 밀도를 유지할 수 있다.
아니면, 격자형 울타리를 곁에 두어 웃자란 줄기를
울타리에 엮어준다. 원예용 삼실로 묶어 지속적으로 관리한다.

5 덩굴식물의 엉킨 줄기들을 풀어서 화분 바닥 둘레에 부채꼴로 펼친다.
버드나무 정글짐이 줄기들 위에 오도록 다시 배양토에 꽂는다.

다육식물 리스

털깃털이끼로 만든 고리에 작은 다육식물들을 섞어 심어보자.
보존 환경만 잘 맞으면 손볼 일이 거의 없는 아름답고 독특한 장식용 리스가 탄생한다.
디스플레이에 흥미와 개성을 부여하기 위해 몇 가지 서로 다른 종류의
푹신한 느낌의 이끼류와 다양한 종류의 다육식물을 짝지어놓는다.

준비물

식물
- 털깃털이끼
- 지름 5cm 화분에 들어갈 만한
  대략 12종의 작은 다육식물들
  (예: 에케베리아, 셈페르비붐,
  아이오니움, 염자)
- 순록이끼

기타 재료
- 원예용 철사 리스 틀(지름 30cm)
- 배양토
- 원예용 이끼 고정 핀
- 원예용 철사

도구
- 물담그기용 쟁반
- 와이어 커터
- 분무기(선택 사항)

1 작업하기 쉽도록, 물을 담은 쟁반에
털깃털이끼 조각들을 담근다.

2 철사 리스 틀에 털깃털이끼를 빙 둘러 배열한다.
틀의 바닥과 둘레가 이끼에 확실히 덮이도록 한다.
식물의 뿌리 뭉치를 덮을 수 있을 만큼 넉넉히 이끼를 준비한다.

3 다육식물들을 화분에서 꺼내 뭉친 뿌리를 풀어준다.
이끼를 펼쳐서 식물들을 틀 안에 앉힌다. 이때 식물들이 자랄 공간이
충분히 확보되도록 한다. 식물들 사이의 틈새를 배양토로 메운다.

4 펼친 이끼를 다시 감싸면서
식물들의 아랫부분과 배양토를 덮는다.

5 핀으로 이끼를 식물들의 뿌리 주위에
확실히 고정한다. 이끼가 제자리에
단단히 붙어 있도록, 핀을 배양토 안으로
끝까지 밀어 넣는다.

6 리스 둘레에 원예용 철사를 감아서, 이끼가
내려앉아 리스가 풀리는 일이 없도록
만전을 기한다.

7 마지막으로, 배양토나 철사가 드러난
부분을 순록이끼 조각들로 덮고 핀으로
단단히 고정한다.

관리법

물주기 방의 온도와 습도에 따라 다르겠지만 대략 일주일에
한 번, 물이 가득 찬 세면대에 리스 바닥을 담그는 식으로
물을 공급한다. 리스가 완전히 말랐을 때 다음번 물주기를 한다.
실내 공기가 많이 건조하면 가끔 분무해준다.

유지 관리 직사광이나 열기를 피해서 디스플레이한다.
뿌리가 자리를 잡을 때까지 1~2개월 눕혀둔다.
이 기간이 지나면 원하는 곳에 리스를 세워서 걸어도 괜찮다.

고사리 고케다마

분재의 일종인 '고케다마'는 식물의 뿌리를 부드러운 초록 이끼로 덮인 진흙 공으로 감싼 뒤 공중에 매다는 기법을 말한다. 살아 있는 식물로 아름다운 공중 조각품을 만드는 멋진 방법이다. 고케다마 식물을 많이 모아놓으면 이른바 '행잉 가든'이 된다.

준비물

식물
- 다 자란 고사리
  (예: 큰봉의꼬리, 박쥐란)
- 털깃털이끼 판

기타 재료
- 화분용 배양토
- 분재용 적옥토
- 원예용 삼실

도구
- 양동이
- 가위
- 분무기

1 화분용 배양토와 적옥토를 2:1의 비율로 양동이에 담은 뒤, 점성이 생겨 끈적해질 때까지 물을 조금씩 부으며 섞는다. 적옥토가 배양토를 식물의 뿌리를 둥글게 감싸는 '진흙 케이크'로 만들어준다.

2 고사리를 화분에서 빼내, 뿌리에 엉긴 원래의 배양토 일부를 살살 털어낸다.

3 뿌리를 배양토-적옥토 혼합 진흙으로 감싼다.(두께 약 2.5cm) 원래의 화분에 있을 때와 부피가 거의 같은 공 모양으로 만든다.

4 뿌리 뭉치를 이끼 판으로 감싼 뒤, 줄기 쪽으로 이끼를 모아준다.

5 여분의 이끼를 가위로 잘라낸다.
이때 뿌리 뭉치의 목 부분에 있는 것은 조금 남겨둔다.

6 이끼가 제자리를 확실히 지킬 수 있게, 원예용 삼실로
이끼 볼의 목둘레를 묶고 매듭을 단단히 짓는다.
고케다마의 목 주위에 넉넉한 길이의 삼실을 두른 뒤
공중에 걸 수 있는 고리를 만들어준다.

관리법

온도 13~24℃
빛 반양지/반음지
습도 중간
돌보기 아주 쉬움

물주기 이끼 볼의 무게를 가늠해서 물주기가 필요한지를 체크한다.
가볍다고 느껴지면, 고케다마를 물에 담근다.
이때 식물의 잎 부분은 담그지 않는다.
10~25분 정도, 물을 충분히 머금을 때까지 담가둔다.
고케다마를 양동이에서 꺼내 여분의 물기를 가볍게 짜준다.

유지 관리 직사광을 피해 습한 곳에 둔다.
분무기로 정기적으로 분무해준다.

이끼 액자

도시의 집 안에 살아 있는 벽과 수직 정원 가꾸기가 전 세계에서 인기를 끌고 있다.
이끼류나 그와 비슷한 종류의 식물들, 아니면 착생식물들을 이용해
집 안에 쉽게 수직 정원을 꾸밀 수 있다.
야생의 풍경을 본떠 다양한 질감과 색깔을 조합하여 이끼 액자를 만들어보자.

준비물

식물

- 다양한 종류의 이끼
  (예: 바닥에 깔 물이끼, 언덕과 골짜기
  모양을 내는 데 쓸 비단이끼,
  좀 더 장식적인 순록이끼, 길게 뻗치는
  수염틸란드시아)
- 이끼와 비슷한 식물들
  (예: 솔레이롤리아(140쪽 참조))

기타 재료

- 깊이 약 10cm의 바닥이 얕은
  재활용 나무 상자
  (예: 와인 상자, 낡은 발아용 상자)
- 비닐 봉투
- 원예용 이끼 고정 핀
- 장식용 나무토막
  (예: 이끼가 착생하는 나뭇가지,
  작은 유목 조각)
- 원예용 철사

도구

- 스테이플러 또는 스테이플 건
- 와이어 커터
- 꼭지 달린 물뿌리개 또는 분무기

1 나무 상자 바닥에 비닐 봉투를 깔고 스테이플러로 박는다.
이는 액자 안의 습기를 보존하는 데 도움이 된다.

2 비닐 봉투를 완전히 덮도록 물이끼를 얇게 깔고
스테이플러나 핀으로 고정한다.

3 비단이끼 조각들을 상자 안에 적절히 배치해 질감과 흥미를 더한다.
이끼 핀으로 물이끼에 고정한다. 장식용 이끼 조각들을 원하는 대로
디스플레이에 추가한다.

4 이끼와 비슷한 식물들을 화분에서 꺼내 엉킨 뿌리를 풀어준 뒤
비단이끼 언덕들 사이에 배치한다.

5 장식용 이끼 조각들을 철사로 장식용 나무토막과 잔가지에 붙인 뒤
디스플레이에 첨가해 재미를 더한다. 이들은 나무 상자의 아래쪽
구석에 움직이지 않게 끼워 넣는다.

관리법

물주기 며칠에 한 번씩 이끼 액자에 물을 약간 주거나 분무한다.
건조한 공기나 난방으로 이끼가 마르면 물에 흠뻑 적셔 되살릴 수도 있다.

유지 관리 1~2개월은 이끼와 심은 식물들이 자리 잡을 수 있게
액자를 눕혀서 보관한다. 그 뒤에는 원한다면 세워서 지지대로 받치거나
매달아도 된다.

광합성을 하는 모든 생물들과 마찬가지로 이끼는 습도가 높고
간접광이 드는 환경을 더 좋아한다. 욕실 안이 가장 이상적이다.

6 남은 장식용 이끼 조각들을 야생의 풍경에서 보듯이 색깔과 질감을
다양하게 조합해 원하는 대로 배치한다.
철사로 나뭇가지와 조심스럽게 엮어준다.

드라이 테라리엄

습기를 좋아하는 유리병 테라리엄(64~67쪽 참조) 속의 식물들과는 달리,
드라이 테라리엄에 쓰이는 식물들은 사막처럼 건조한 환경을 선호한다.
크기와 모양이 다양한 다육식물과 선인장을 골라 더 흥미로운 디스플레이를 만들어보라.
이 개방식 테라리엄은 스스로 물을 댈 수 없으므로 때때로 물을 주어야 한다.

준비물

식물
- 중심이 되는 더 큰 식물 하나를 포함하는
  선별된 식물들
  (예: 염자, 하월시아, 에케베리아)

기타 재료
- 개구부가 최소 18cm 이상인
  유리 테라리엄
- 자갈 또는 작은 조약돌
- 활성탄
- 선인장 배양토
- 장식용 조약돌

도구
- 작은 모종삽 또는 숟가락
- 디버
- 물뿌리개

1 테라리엄 바닥에 대략 2.5cm 두께로 자갈을 한 켜 얇게 깐다. 한 움큼의 활성탄을 자갈과 섞는다.

2 자갈과 활성탄의 혼합물 위에 5~7.5cm 두께로 선인장 배양토를 한 켜 더 깐다.

3 중심이 되는 식물을 하나 골라 화분에서 꺼낸다. 성장 촉진을 위해 엉킨 뿌리를 살살 펴준다.

4 뿌리 뭉치와 같은 크기의 구덩이를 배양토에 판 뒤, 식물을 그 안에 조심스럽게 앉힌다. 디버로 식물 뿌리 주위의 배양토를 단단하게 다져준다.

5 2~3개의 더 작은 식물들에도 같은 작업을 해준다.
성장과 공기 순환을 위해 식물들 사이를 띄워준다.
그러면 식물들 사이에 습기가 쌓여 썩는 것을 막을 수 있다.

6 식물들이 단단하게 자리를 잡으면, 배양토 위에 장식용 조약돌들을
숟가락으로 조심스럽게 올린다.

관리법

물주기 배양토가 완전히 말라버렸을 때에만
가끔씩 물을 준다. 반쯤 닫힌 테라리엄 공간에서는
수분이 보존되어 습도가 유지된다.
따라서 필요 이상으로 물을 주면 식물들이 썩을 수 있다.

유지 관리 직사광이 들지 않는 곳에 테라리엄을 둔다.
밝은 빛을 받으면 유리 안에서 증폭되어 식물들이
과열되거나 말라버릴 수 있다.

난초 장식목

난초를 장식용 나무에 올려놓으면 아름다운 광경이 연출될 뿐 아니라
난초의 건강에도 도움을 줄 수 있다. 이는 난초가 자연에서 자라는 모습을 본뜬 것인데,
이렇게 하면 뿌리 쪽의 배수와 통기성이 좋아져 식물이 잘 자라고 병에 걸리지 않게 된다.

준비물

식물
- 작은 난초
  (예: 호접란, 덴드로비움 노빌레)
- 물이끼와 비단이끼

기타 재료
- 장식용 나무토막
  (예: 유목, 나무껍질, 코르크 껍질,
  자작나무 막대기)
- 원예용 철사

도구
- 와이어 커터

1 난초를 화분에서 빼내
뿌리에 붙은 잔여물들을 조심스럽게 털어낸다.

2 난초 뿌리 속과 둘레를 물이끼로 고르게 감싼다.
밖으로 조금씩 삐져나온 뿌리들은 그대로 둔다.
가는 철사로 살살 묶어 자리를 잡아준다.

3 식물의 몸체를 약간 아래로 기울여 나무토막 위에 올린다.
난초의 아랫부분과 뿌리에 철사를 둘러 나무토막에 고정한다.

4 난초에 상처가 날 수 있으니, 철사를 감을 때 너무 꽉 조이지 않도록 주의한다. 난초가 잘 안착했다고 생각되면 철사의 양쪽 끝을 꼬아 묶은 뒤 불필요한 부분을 잘라낸다.

5 이끼 몇 움큼으로 나무토막의 나머지 부분을 장식한다. 잘 붙어 있도록 철사로 고정한다.

관리법

온도 16~27°C
빛 반양지/반음지
습도 중간~높음
돌보기 쉬움

물주기 나무토막에 올려놓은 난초는 금세 말라버리기 쉽다.
따라서 일주일에 적어도 세 번은 물을 주어야 한다.
물을 줄 때에는 크고 깊은 물통에 20분 동안 담가 물을 흠뻑 머금게 한다.

유지 관리 습기 찬 곳에 두고 매일 분무해준다.
난초 뿌리가 나무에 안착할 때까지 철사를 그대로 둔다.
식물이 자라서 새 뿌리들을 나무 표면으로 뻗어감에 따라
뿌리 쪽 이끼들은 결국 떨어져버린다.
시간이 흐르면 마치 야생 난초처럼 우아하고
고상한 모습으로 바뀌어간다.

살아 있는 파티션

이동식 덩굴식물 파티션으로 실내 공간의 서로 다른 장소들 사이에
아름다운 임시 벽이나 살아 있는 스크린을 만들 수 있다.
잎이 무성한 식물들을 활용하면 파티션을 더 완벽하게 채울 수 있다.
마크라메 행거(60~63쪽 참조) 같은 장식적인 화분들을 전시하는 것도 괜찮은 방법이다.

준비물

식물
- 반양지를 좋아하는 덩굴식물들
  (예: 녹영, 러브체인, 겨우살이선인장)
- 비슷한 환경을 좋아하는 키가 크거나
  중간 정도인 관엽식물들
  (예: 떡갈잎고무나무, 접란,
  대부분의 고사리)

기타 재료
- 이동식 봉 옷걸이
  (낮은 선반이 달려 있으면 더 이상적임)
- 노끈
- S자 갈고리
- 적절한 크기의 장식용 화분 슬리브
- 마크라메 행거
- 큰 화분 또는 양동이

도구
- 가위
- 물뿌리개

1 첫 번째 덩굴식물을 고른다. 그것이 담긴 플라스틱 화분의 둘레를
3등분하는 지점에 각각 하나씩 가위로 크기가 같은 구멍 3개를 뚫는다.
각 구멍에 긴 노끈을 꿰고 안전하게 매달 수 있도록 단단히 매듭을 짓는다.

2 노끈 3가닥을 화분 중앙 바로 위, 봉에서 식물을 내려뜨리고 싶은
길이에 해당하는 지점에서 한데 모은다.
윗부분을 약간만 남기고 매듭을 단단히 짓는다.

3 남은 노끈으로 작은 고리를 만들어 앞에서 지은 매듭에
최대한 단단하고 깔끔하게 묶어준다.
묶고 남은 노끈을 가위로 말끔하게 자른다.

4 S자 갈고리의 아랫부분으로 식물을 걸어 천천히 들어 올린다.
매듭지은 부분이 안전한지 확인한다. 옷걸이 봉에
S자 고리 윗부분을 건다. 매달고 싶은 다른 모든 식물들에도
같은 작업을 해준다.

5 플라스틱 화분을 감추고 싶으면 장식용 화분 슬리브 안에 집어넣은 뒤 마크라메 행거 안에 안정적으로 자리 잡게 한다.
마크라메 행거를 옷걸이 봉에 단단히 묶는다.
아니면 S자 갈고리를 이용해 원하는 자리에 매단다.

6 봉이 다 차면 아래쪽 선반 위에 두 번째로 고른 식물들을 놓아 빈 공간을 채운다. 식물과 장식 화분의 조합을 다양하게 시도해본 뒤, 만족스러운 것을 살아 있는 파티션의 최종 형태로 정한다.

관리법

물주기 모든 식물에게 필요한 만큼 물을 주고 분무한다.
마크라메 행거에 담긴 식물에 물을 줄 때에는 장식용 로프가
물에 젖지 않도록 식물들을 마크라메에서 빼낸다.
(시간이 지나면 젖었던 로프가 썩을 수도 있다.)

유지 관리 파티션을 어디에 두든, 반드시 외풍이 없는 곳이어야 한다.
필요하면 가지치기를 해준다. 디스플레이에 안 맞게 너무 자랐다 싶으면
다른 식물로 바꾼다.

물꽂이 선반

선반이나 협탁 위에 놓인 예쁜 유리 화병들에서 물꽂이한 식물이
뿌리를 내는 멋진 모습을 연출한다. 나중에 옮겨 심을 식물이 뿌리를 낼 때까지
임시 디스플레이로 활용할 수도 있고(204쪽 참조),
그대로 놔두어 상설 '수생식물원'으로 만들 수도 있다. 방법은 아주 간단하다.
하지만 모든 식물이 다 물꽂이에 적합한 것은 아니므로, 주의 깊게 식물을 선택해야 한다.

준비물

식물

• 다 자란 건강한 식물들에서 잘라낸
  물꽂이용 가지들
  (예: 자주달개비, 필로덴드론, 염자,
  필레아, 에피필룸, 베고니아, 무늬접란)

기타 재료

• 유리병 또는 키와 높이가 다양한
  유리 화병들. 목이 좁고 몸통이 큰
  플라스크 비슷한 용기가 가장 좋다.

• 샘물, 생수, 또는 빗물

도구

• 작은 전지가위 또는 가위

1 첫 번째 물꽂이용 가지를 선택한다. 디스플레이하고 싶은 병에 크기를 대본 다음, 물에 잠기게 될 지점 아래쪽에 달린 잎들을 모두 떼어낸다.

2 무늬접란에서 잘라낸 '아기 접란'(207쪽 참조)처럼 식물의 가지에서 곁가지를 취할 때에는 곁가지의 아랫부분을 자른다. 식물의 뿌리 내기 호르몬이 그곳에 가장 많이 존재하기 때문이다.

3 병에 빗물이나 증류수를 반 정도 채운다.(수돗물은 안 된다.) 반드시 몸통이 큰 유리병을 사용해야 뿌리가 빛을 많이 받고 성장할 공간을 확보할 수 있다.

4 가지를 화병에 넣고, 물꽂이 선반 위에 올려 그대로 둔다. 같은 작업을 나머지 물꽂이 가지들에도 해준다. 각각을 적당한 크기의 유리병이나 유리 화병에 담아 디스플레이를 완성한다.

관리법

물주기 필요할 때마다
유리병이나 유리 화병에 물을 보충한다.

유지 관리 2~3주만 지나면 가지들이
뿌리를 내기 시작할 것이다.
이 단계에서 가지들을 옮겨 심고 싶으면
204쪽의 지침대로 하면 된다.

가지들을 물속에 계속 놓아두고 싶을 수도 있다.
그럴 때에는 잊지 말고 물갈이를 해주고,
일 년쯤 지난 뒤에 뿌리 손질을 해준다.

실내 식물 프로파일

브로멜리아드

이 화려한 식물들은 일 년 중 여러 달에 걸쳐
꽃을 피우며, 밝은 공간이라면 어디서나
열대의 느낌을 더해준다. 원산지에서는
나무에서 자라는 것이 보통인데, 토양보다는
공기를 통해 습기와 영양분을 취한다.
그렇지만 특별히 높은 수준의 습도를 요구하지
않으며 돌보기도 아주 쉽다. 꽃을 피운 다음에는
죽고 마는데, 대부분의 브로멜리아드는
오래된 잎의 아랫부분 근처에서
'어린' 새싹이 나온다.(206~207쪽 참조)
그리고 이것이 자라 새로운 개체가 된다.

애크메아 찬티니
Aechmea chantinii

온도 15~27℃
빛 반양지/반음지
습도 중간
돌봄 아주 쉬움
키와 너비 60×60cm

짙은 녹색과 은색 줄무늬 잎이 인상적인 식물로,
키 큰 꽃대는 늦봄에서 여름까지
그 모습을 드러낸다. 꽃은 빨간색, 주황색,
노란색의 포엽(꽃잎처럼 변화된 잎)과,
빨간색 작은 꽃으로 이루어져 있다.

물주기 잎들이 모여 있는 중앙 부분을 보면
컵처럼 생긴 홈이 있다. 여기에 빗물이나
증류수를 4~8주에 한 번씩 채워준다.
배양토를 촉촉하게 유지하되, 겨울에는
배양토가 말랐을 때에 물을 준다.
날이 더우면 1~2일에 한 번 분무한다.

영양 공급 봄에서 늦여름 사이, 잎 가운데의 홈에
2주에 한 번씩 2배 희석한 종합 액체 비료를 준다.

심기와 돌보기 지름 12.5~15cm 화분에
난초용 배양토, 펄라이트, 코코넛 껍질을 같은
비율로 섞어 넣고 심는다.(난초용 배양토와
다용도 배양토를 1:1로 섞어 쓸 수도 있다.)
성장하면 한 단계 더 큰 화분에 옮겨 심는다.

애크메아 파시아타
Aechmea fasciata AGM

온도 15~27°C
빛 반양지/반음지
습도 중간
돌봄 아주 쉬움
키와 너비 60×60cm

우아한 아치 모양을 이루는 은색과 녹색
잎만으로도 이 아름다운 식물을 키울 이유는
충분하다. 여름에는 키 큰 꽃대가 올라오는데,
윗부분은 섬세한 분홍색 포엽으로 되어 있고
보라색 작은 꽃을 피워서 눈길을 잡아끈다.

물주기 잎들이 모여 있는 중앙 부분에
우묵한 홈이 있다. 여기에 빗물이나 증류수를
4~8주에 한 번씩 채워준다. 배양토를
촉촉하게 유지하되, 겨울에는 배양토가 말랐을
때에 물을 준다. 날이 더우면 1~2일에
한 번 분무한다.

영양 공급 봄에서 늦여름 사이, 잎 가운데의
홈에 2주에 한 번씩 2배 희석한
종합 액체 비료를 준다.

심기와 돌보기 지름 12.5~15cm 화분에
난초용 배양토, 펄라이트, 코코넛 껍질을 같은
비율로 섞어 넣고 심는다.(난초용 배양토와
다용도 배양토를 1:1로 섞어 쓸 수도 있다.)
성장하면 한 단계 더 큰 화분에 옮겨 심는다.

무늬파인애플
Ananas comosus var. *variegatus*

온도 16~29°C
빛 양지
습도 중간
돌봄 아주 쉬움
키와 너비 최소 60×90cm

초록색과 크림색이 어우러진 가시 달린 잎,
그리고 예쁜 노란색과 보라색 꽃은
이 식물이 맺는 빨간색 열매가 아주 써서
먹을 수 없다는 점을 보상하고도 남는다.
햇빛이 잘 드는 실내 어디에서나 자태를 뽐낼 테지만,
아치형으로 넓게 뻗는 잎들을 위해
충분한 공간이 필요하다는 점을 명심해야 한다.

물주기 봄과 여름에는 자주 물을 주며,
겨울에는 배양토가 젖어 있을 정도로만 유지한다.
매일 분무해주거나, 젖은 자갈이 깔린
받침 위에 둔다.

영양 공급 봄부터 가을까지는 2주에 한 번씩,
겨울에는 한 달에 한 번씩 2배 희석한
종합 액체 비료를 준다.

심기와 돌보기 난초용 배양토, 펄라이트,
코코넛 껍질을 같은 비율로 섞어 심는다.
(난초용 배양토와 다용도 배양토를 1:1로 섞어
쓸 수도 있다.) 화분이 작으면
식물의 성장을 제한할 수 있으므로
성장하면 초봄에 옮겨 심는다.

실내 식물 도감
 브로멜리아드

빌베르기아 누탄스
Billbergia nutans

온도 16~27°C
빛 반양지/반음지
습도 높음
돌봄 아주 쉬움
키와 너비 60×60cm

받침대 위에 올리거나 행잉 바스켓 안에 두면 우아한 꽃들이 가장자리 너머로 쏟아져 내리듯 드리운다.
분출하는 회녹색 끈 모양 잎들 사이로 늦봄부터 여름까지 분홍색 포엽(꽃잎처럼 보이는 변화된 잎)과 자주색 꽃들을 볼 수 있다.

물주기 빗물이나 증류수를 사용해 배양토를 촉촉하게 유지한다. 겨울에는 배양토 표면이 말랐을 때에 물을 준다. 여름에는 매일 분무하고, 겨울에는 횟수를 줄여 며칠에 한 번씩만 한다.

영양 공급 초봄에 1티스푼 분량의 사리염(epsom salt)을 증류수나 빗물에 희석해서 주면 개화가 촉진된다.
봄과 여름에는 매달 2배 희석한 종합 액체 비료를 준다.

심기와 돌보기 지름 12.5~15cm 화분에 난초 배양토, 펄라이트, 코코넛 껍질을 같은 비율로 섞은 것(또는 난초 배양토와 다용도 배양토를 1:1로 섞은 것)을 넣고 심는다. 성장하는 중이면 이른 봄에 한 단계 큰 화분으로 옮겨 심는다.

크립탄투스 비비타투스
Cryptanthus bivittatus AGM

온도 16~27°C
빛 양지/반양지
습도 중간
돌봄 아주 쉬움
키와 너비 15×15cm

구불구불한 잎의 가장자리는 마치 이빨이 난 것 같은 모양인데, 잎들이 모여서 납작한 별 모양을 이루고 있다. 빨강, 주황, 자주, 분홍 또는 초록의 다채로운 잎이 활기찬 인상을 주므로 작은 방의 볕바른 창턱을 장식하기에 알맞다.

물주기 봄여름에는 빗물이나 증류수로 배양토를 촉촉한 상태로 유지하되, 흥건해지지 않도록 주의한다. 겨울에는 습기가 있는 정도로만 유지한다. 미지근한 빗물이나 증류수를 정기적으로 분무한다.

영양 공급 봄부터 늦여름까지 2~3개월에 한 번씩, 2배 희석한 종합 액체 비료를 준다.

심기와 돌보기 지름 10cm의 작은 화분에 난초 배양토, 펄라이트, 코코넛 껍질을 같은 비율로 섞은 것(또는 난초 배양토와 다용도 배양토를 1:1로 섞은 것)을 넣고 심는다. 양지 또는 반양지에 두고, 2~3년에 한 번씩 봄에 분갈이를 해준다.

크립탄투스 조나투스
Cryptanthus zonatus

온도 16~27°C
빛 양지/반양지
습도 중간
돌봄 아주 쉬움
키와 너비 25×40cm까지

버건디색과 크림색이 어우러진 줄무늬가 거미를 연상시키는데, 이 무늬 덕분에 인기가 높다. 비슷한 환경을 좋아하는 작은 관엽식물들과 함께 두면 눈에 띄는 중심 식물 역할을 한다. 다 자라면 여름에 작고 하얀 꽃을 피우기도 한다.

물주기 봄부터 이른 가을까지 빗물이나 증류수를 주어 배양토를 촉촉하게 유지한다. 겨울에는 습기가 있는 정도로만 유지한다. 미지근한 빗물이나 증류수를 며칠에 한 번씩 분무한다.

영양 공급 봄부터 늦여름까지 2~3개월에 한 번씩, 2배 희석한 종합 액체 비료를 준다.

심기와 돌보기 지름 10~12.5cm의 작은 화분에 난초 배양토, 펄라이트, 코코넛 껍질을 같은 비율로 섞은 것(또는 난초 배양토와 다용도 배양토를 1:1로 섞은 것)을 넣고 심는다. 양지나 밝은 반양지에 둔다. 그늘진 환경에서는 줄무늬가 흐릿해질 수 있다. 2~3년에 한 번씩 봄에 분갈이를 해준다.

구즈마니아 링굴라타
Guzmania lingulata

온도 18~27℃
빛 반양지
습도 높음
돌봄 어려움
키와 너비 45×45cm

윤기 나는 초록 잎들 사이에서 꽃대가
봉화처럼 솟아올라 눈길을 잡아끈다.
밝은 주황색 또는 빨간색을 띤 포엽들이
오래 지속되면서 희고 노란
작은 꽃들을 보호해준다.

물주기 배양토가 완전히 마르면 물을 준다.
잎들이 모여 있는 중앙 부분에 우묵한 홈이 있다.
여기에 증류수나 빗물을 4~7일에 한 번씩
채워준다. 잎과 꽃, 밖으로 드러난 뿌리 부분에
매일 증류수나 빗물로 분무한다.

영양 공급 한 달에 한 번 중앙의 우묵한 홈에
2배 희석한 종합 액체 비료를 준다.
그로부터 4~5일 후에 비료를 걷어내고
빗물을 대신 붓는다. 꽃이 피지 않았을 때는
같은 비료를 4배 희석하여 한 달에 한 번씩
잎에 분무한다.

심기와 돌보기 지름 10~12.5cm 화분에
난초 배양토, 펄라이트, 코코넛 껍질을 같은
비율로 섞은 것(또는 난초 배양토와 다용도
배양토를 1:1로 섞은 것)을 넣고 심는다.
성장하는 중이면 봄마다 새 배양토를 담은
화분에 옮겨 심는다.

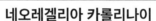

네오레겔리아 카롤리나이
Neoregelia carolinae f. tricolor

온도 18~27℃
빛 반양지
습도 중간~높음
돌봄 아주 쉬움
키와 너비 30×60cm

초록과 노랑의 줄무늬 잎들이 퍼져나가고
그 중심이 빨갛게 물들어 있어서,
발갛게 달아오른 얼굴을 떠올리게 한다.
여름에 보라색 꽃과 밝은 빨간색 포엽이
모습을 드러낸다.

물주기 잎들이 만들어내는 중앙의
우묵한 홈에 증류수나 빗물을 채우고,
4~6주에 한 번씩 보충해준다.
배양토를 촉촉한 상태로 유지하되,
흥건해지지 않도록 주의한다.
　며칠에 한 번씩 잎에 분무해준다.

　영양 공급 한 달에 한 번 2배 희석한
종합 액체 비료를 잎에 분무한다.
영양 공급이 지나치면 잎의 색깔이 흐려진다.

심기와 돌보기 지름 10~12.5cm의
작은 화분에 난초 배양토, 펄라이트,
코코넛 껍질을 같은 비율로 섞은 것
(또는 난초 배양토와 다용도 배양토를
1:1로 섞은 것)을 넣고 심는다.
해마다 새 배양토를 담은 화분에
옮겨 심는다.

브리에세아 스플렌덴스
Vriesea splendens AGM

온도 18~26℃
빛 반양지
습도 중간
돌봄 아주 쉬움
키와 너비 60×45cm

진녹색과 적갈색의 줄무늬
잎들, 그리고 오래 지속되는 검 모양의 꽃이
인상적인 짝을 이룬다. 주홍색 포엽에 감싸인
작고 노란 꽃들은 연중 아무 때나 피어난다.
브로멜리아드 가운데 특히 초보자가
키우기 쉬운 종이다.

물주기 잎들이 만들어내는 중앙의 우묵한 홈에
빗물이나 증류수를 가득 채우고,
2~3주에 한 번씩 보충해준다. 배양토 표면이
마른 것 같을 때 물을 주되, 겨울에는
단지 습기가 있는 정도로만 유지한다.
며칠에 한 번씩 빗물이나 증류수로 분무한다.

영양 공급 봄부터 가을까지
4배 희석한 잎 영양제를 한 달에 한 번
잎에 분무한다.

심기와 돌보기 지름 12.5~15cm 화분에
고운 나무껍질 퇴비 또는 난초 배양토,
펄라이트, 코코넛 껍질을 같은
비율로 섞은 것(또는 난초 배양토와
다용도 배양토를 1:1로 섞은 것)을 넣고
심는다. 성장하는 중이면 매년 초봄에
옮겨 심는다.

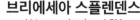

알뿌리식물

열대 숲에서 온 식물부터 고전적인 봄의 정원이
아끼는 식물까지, 알뿌리식물의 꽃은 계절감이
물씬 풍기는 색과 향을 실내에 불어넣는다.
알뿌리라 하면 대개 봄을 떠올리지만
많은 알뿌리식물들이 다른 계절에도,
심지어 겨울에도 꽃을 피운다. 그러니 조금만
계획적으로 움직인다면 실내에서 계절마다
꽃을 즐길 수 있다. 단, 꽃이 피기를 원하는
때로부터 몇 달 전에 알뿌리 심는 것을
잊지 않도록 한다.

군자란
Clivia miniata AGM

온도 10~23℃
빛 반양지
습도 낮음~중간
돌봄 아주 쉬움
키와 너비 45×30cm
주의! 알뿌리에 독성이 있다.

밝은 주황, 노랑, 살굿빛 꽃을 피우는 군자란으로
봄의 실내를 화사하게 만들어보자.
나팔 모양의 꽃송이는 여름까지 지속된다.
삼림 지대에서 온 이 어여쁜 식물은
서늘하고 밝은 곳에서 잘 자란다.

물주기 봄부터 가을까지는 배양토 겉면이 마르면
물을 준다. 늦가을부터 한겨울까지는
휴식이 필요하므로, 이때는 배양토가
거의 말라 있는 상태로 둔다.

영양 공급 봄부터 초가을까지 2배 희석한
종합 액체 비료를 한 달에 한 번 준다.

심기와 돌보기 지름 20cm 화분에 흙 배양토와
다용도 배양토를 1:1로 섞어 넣고 심는데,
이때 알뿌리의 목 부분이 표면 위로 올라오게
한다. 가을부터 늦겨울까지는 온도가
10℃ 정도로 유지되는 서늘한 휴면기가 필요하다.
이후 16℃ 정도의 빛이 잘 드는 실내로 옮긴다.
비좁은 환경에서 꽃을 가장 잘 피우므로,
분갈이를 하지 말고 봄에 배양토 윗부분을
갈아주기만 한다.

은방울꽃
Convallaria majalis AGM

온도 -20~24℃
빛 반양지/반음지
습도 낮음
돌봄 아주 쉬움
키와 너비 25×20cm까지
주의! 모든 부위에 독성이 있다.

앙증맞게 생긴 식물로부터 봄에
하얀색 종 모양 꽃이 피면 달콤한 향이
실내에 가득 찰 것이다. 창처럼 뾰족하게 생긴
초록색 잎의 옆에서 꽃이 피어난다.

물주기 늦겨울에서 초여름까지는 배양토를
촉촉하게 유지하고, 늦여름에서 초겨울까지의
휴면기에는 배양토가 말라 있게 한다.

영양 공급 늦겨울에서 초여름까지
2배 희석한 종합 액체 비료를
한 달에 한 번씩 준다.

심기와 돌보기 알뿌리를 심을 때는
15~20cm 깊이의 화분을 준비한다.
배양토를 넣고 뿌리를 아래쪽으로 향하게 하여
심은 뒤 배양토로 알뿌리를 살짝 덮어준다.
실내에서 꽃을 피우게 하려면 199쪽을 참고하라.
싹이 트면 16~21℃의 서늘한 곳에 두어
꽃이 피게 한다. 다시 꽃을 보기 위해서는
한동안 차가운 곳에서 보관해야 하므로,
잎이 시든 뒤에 바깥의 그늘에 둔다.

쿠르쿠마
Curcuma alismatifolia

온도 18~24℃
빛 반양지
습도 중간~높음
돌봄 아주 쉬움
키와 너비 60×60cm

타이 원산의 아름다운 식물로,
여름에 진녹색 이파리 사이로 긴 줄기가 올라와
툴립 모양의 분홍색, 보라색 꽃이 피면
열대의 느낌이 물씬 난다. 욕실이나 부엌처럼
따뜻하고 습도가 높은 공간에서 잘 자란다.

물주기 늦봄에서 늦여름까지는 배양토를
촉촉하게 유지한다. 정기적으로 분무해주거나
젖은 자갈이 깔린 받침 위에 두어도 좋다.
가을 중반부터 초봄까지는 휴면기로
잎은 말라 죽는다. 이때는 배양토를 말라 있는
상태로 둔다.

영양 공급 봄 중반부터 늦여름까지
종합 액체 비료를 2주에 한 번씩 준다.

심기와 돌보기 봄에 지름 15cm의 중간 크기
화분에 조약돌을 한 켜 깔고,
그 위에 알뿌리 배양토를 한 켜 깐다.
알뿌리를 배양토 표면에서 약 7.5cm 깊이로 심고,
직사광이 들지 않는 야외의 밝은 곳에 둔다.
가을에 오래된 꽃줄기와 시든 잎을 잘라낸다.
해마다 봄이 되면 새 배양토에 옮겨 심는다.

아마릴리스
Hippeastrum hybrids

온도 13~21℃
빛 반양지
습도 낮음
돌봄 아주 쉬움
키와 너비 60×30cm
주의! 알뿌리에 독성이 있다.

겨울부터 봄 사이 피어나는 나팔 모양의 꽃이
이 식물의 자랑거리이다. 꽃은 하얀색, 분홍색,
빨간색, 주황색 등 여러 가지 색깔이 있으며,
두 가지 색깔이 섞여 있거나
무늬가 있는 것도 있으니 그 가운데 고를 수 있다.

물주기 초겨울부터 새잎이 날 때까지는
물주기를 절제하고, 꽃이 피어 있는 동안에는
배양토를 촉촉하게 유지한다.
늦여름에서 늦가을까지의 휴면기에는
물을 주지 않는다.

영양 공급 꽃이 피고 난 다음부터
늦여름이나 가을에 잎이 말라 죽을 때까지
종합 액체 비료를 준다.

심기와 돌보기 늦가을에서 겨울 사이 알뿌리보다
약간 큰 화분을 준비하여 다용도 배양토를 넣고,
알뿌리 표면이 3분의 1 정도 드러나도록 심는다.
밝고 따뜻한 곳에 두고 6~8주 기다리면
잎, 꽃 순서로 나온다. 개화 기간을 늘리려면
싹이 나왔을 때 서늘한 곳으로 옮긴다.
늦여름에 알뿌리를 말려서 옮겨 심는데, 서리를
맞지 않는 창고나 차고 같은 곳에 두 달 정도 둔
다음 실내로 옮겨 와 다시 물을 주기 시작한다.

히아신스
Hyacinthus orientalis

온도 -15~20℃
빛 반양지
습도 낮음
돌봄 아주 쉬움
키와 너비 25×20cm
주의! 모든 부위에 독성이 있다.

봄에 꽃을 피우는 이 고전적인 알뿌리식물은
강렬한 향과 풍부한 색깔 때문에 인기 있는
실내 식물이다. 준비된 히아신스 알뿌리를
가을에 심으면 몇 달 뒤 파란색, 보라색,
하얀색, 분홍색, 빨간색 꽃을 즐길 수 있다.

물주기 알뿌리를 심고 배양토에 물을 준 뒤
물이 빠지도록 둔다. 겨울 동안에는
습기가 있는 정도로만 관리하고,
새싹이 나고 꽃이 핀 동안에는
계속 촉촉한 상태를 유지한다.

영양 공급 알뿌리를 유지하고 싶다면,
잎이 시들어갈 때 해초 용액 비료를
2주에 한 번씩 준다.

심기와 돌보기 초가을에 뾰족한 부분을
위로 하여 윗부분만 살짝 보이도록 해서 심는다.
이때 알뿌리용 화분을 이용하거나,
흙 배양토와 마사토를 2:1로 섞어 쓰면 좋다.
봄에 꽃을 피울 수 있도록 발코니나
정원과 같은 바깥 장소에 둔다.
알뿌리 관리에 대해서는 198~199쪽을
참조하라.

무스카리
Muscari species

온도 -15~20℃
빛 반양지
습도 낮음
돌봄 아주 쉬움
키와 너비 20×10cm

쉽게 기를 수 있는 알뿌리식물로, 은은한 향을 풍기는
귀여운 원뿔 모양의 꽃을 피운다. 꽃의 색깔은
파란색, 보란색, 하얀색 등으로 다채롭고
잎은 풍성하여 봄을 위한 최적의 선택이다.
제철보다 일찍 실내에서 꽃을 피우게 하는
방법도 있다.

물주기 알뿌리를 심고 물을 준 뒤, 겨울 동안에는
거의 마른 상태로 둔다. 새싹이 나고 꽃이 피기
시작하면 배양토를 촉촉하게 유지한다.

영양 공급 꽃이 핀 뒤부터 잎이 말라갈 때까지
종합 액체 비료를 2주에 한 번씩 준다.

심기와 돌보기 폭과 깊이가 최소 15cm 되는
화분을 다용도 배양토로 채운다. 뾰족한 부분이
위로 오게 해서 알뿌리들을 심는데,
서로 가까이 두되 닿지는 않게 하며
꼭지 부분이 드러나도록 한다. 꽃을 피울 준비가
되기 전까지는 발코니나 비바람을 피할 수 있는
야외에 둔다. 제철보다 일찍 꽃을 보고 싶다면
198~199쪽을 참조하라. 개화한 뒤 야외의
그늘진 곳에 두면 이듬해 다시 꽃을 피운다.

수선화
Narcissus species

온도 -15~20℃
빛 반양지
습도 낮음
돌봄 쉬움
키와 너비 40×10cm
주의! 모든 부위에 독성이 있다.

수선화 중 실내 정원에서 가장 인기 있는 종류는
부드럽고 향기로운 파피라케우스수선이다.
그러나 타제타 변종이나 테트아테트 같은
내한성 수선화들도 실내에서 꽃을
잘 피운다. 봄에 꽃을 보기 위해
가을에 알뿌리를 심는다.

물주기 알뿌리를 심고 물을 준 뒤,
겨울 동안에는 거의 마른 상태로 둔다.
새싹이 나고 꽃이 피기 시작하면 며칠에
한 번씩 물을 준다.

영양 공급 꽃이 핀 뒤부터 잎이
말라갈 때까지 종합 액체 비료를
2주에 한 번씩 준다.

심기와 돌보기 넓은 화분 바닥에 자갈을
한 켜 깔고, 그 위를 알뿌리 섬유(또는
흙 배양토와 마사토를 2:1로 섞은 것)로 덮는다.
뾰족한 부분이 위로 오게 하고
끝 부분만 표면에 드러나게 하여
알뿌리를 심는다. 난방을 하지 않는 방의
햇빛이 잘 드는 창가에 둔다.

사랑초
Oxalis triangularis

온도 15~21°C
빛 반음지
습도 낮음
돌봄 쉬움
키와 너비 30×30cm
주의! 모든 부위에 반려동물에
해로운 독성이 있다.

장식성이 매우 큰 식물로, 잎 모양은 토끼풀을
닮았으며 초록색, 보라색, 기타 다양한 색깔을 낸다.
삼각형 잎을 밤에는 접었다가 낮 동안에는
펼쳐두는 재주를 보인다. 분홍색 또는
흰색의 작은 별 모양 꽃이 피는데,
봄부터 여름에 걸쳐 오랫동안 즐길 수 있다.

물주기 배양토 표면이 말랐을 때 물을 준다.
가을에서 겨울 동안 휴면기에 들어가는데,
잎이 말라 떨어지기 시작하면 물주기를 그만둔다.
마치 죽은 것처럼 보이지만 4~6주 후에
다시 물을 주기 시작하면 곧 새잎이 나올 것이다.

영양 공급 식물이 성장하는 동안인 봄에서
늦여름까지 종합 액체 비료를
한 달에 한 번씩 준다. 휴면기에는 주지 않는다.

심기와 돌보기 가을에 지름 15~20cm 화분에
흙 배양토, 다용도 배양토, 원예용 굵은 모래를
같은 비율로 섞어 알뿌리를 심는다.
알뿌리가 흙 표면에서 5cm 아래로 잠기도록
심는다. 잎이 자란 사랑초를 화분에 담아 파는
경우도 많다. 봄부터 가을까지는 직사광을 피해
반음지에 두며, 겨울에는 서늘한 곳으로 옮긴다.

칼라
Zantedeschia species

온도 10~20°C
빛 반양지
습도 중간
돌봄 아주 쉬움
키와 너비 60×60cm까지
주의! 모든 부위에 독성이 있다.

흰색 칼라는 야외에서 가장 잘 자라는 반면,
그보다 작고 화려한 빛을 띠는 노란색과 분홍색
칼라는 실내 식물로서 더 적합하다.
잎은 민무늬도 있고, 점무늬도 있다.
노란색, 분홍색, 보라색, 빨간색, 검은색 등의
불염포(꽃을 감싸고 있는, 포가 변형된 큰 꽃턱잎)가
꽃대를 감싸고 있으며,
봄에서 가을까지 자태를 드러낸다.

물주기 늦봄부터 늦여름까지는 배양토를
촉촉하게 유지하고, 겨울에는 거의 마른
상태로 둔다.

영양 공급 봄부터 꽃 색깔이 바랠 때까지
종합 액체 비료를 2주에 한 번씩 준다.

심기와 돌보기 늦겨울에 넓은 화분을
준비하여 다용도 배양토를 담는다.
검은색을 띤 알뿌리의 눈이 위로 오게 하고
뿌리줄기가 표면 위에 살짝 드러나도록 하여
심는다. 따뜻한 반양지에 둔다.
가을에는 잎이 말라 죽도록 내버려두고,
겨울에 옮겨 심어서 서늘한 곳에서 보관한다.

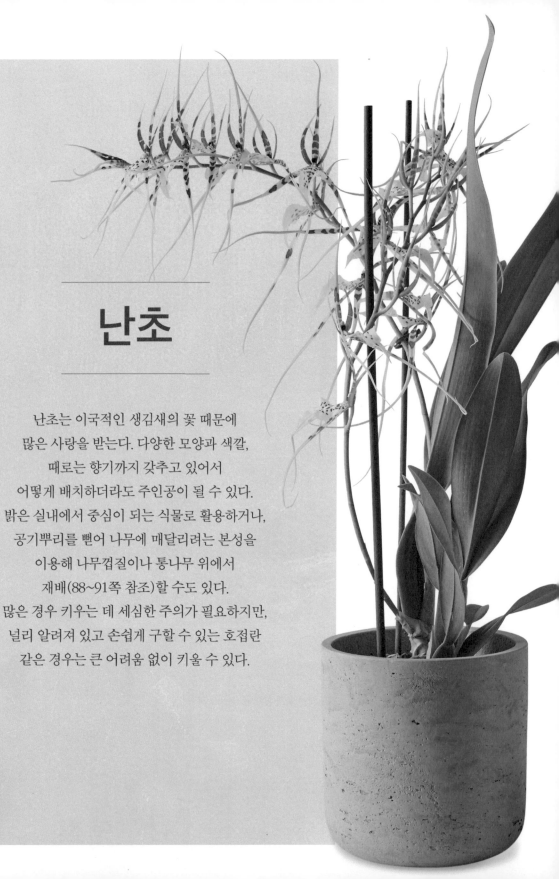

난초

난초는 이국적인 생김새의 꽃 때문에
많은 사랑을 받는다. 다양한 모양과 색깔,
때로는 향기까지 갖추고 있어서
어떻게 배치하더라도 주인공이 될 수 있다.
밝은 실내에서 중심이 되는 식물로 활용하거나,
공기뿌리를 뻗어 나무에 매달리려는 본성을
이용해 나무껍질이나 통나무 위에서
재배(88~91쪽 참조)할 수도 있다.
많은 경우 키우는 데 세심한 주의가 필요하지만,
널리 알려져 있고 손쉽게 구할 수 있는 호접란
같은 경우는 큰 어려움 없이 키울 수 있다.

거미란
Brassia species

온도 12~24°C
빛 반양지
습도 높음
돌봄 아주 쉬움
키와 너비 1×1m까지

독특하게 생긴 꽃은 휘늘어진 가지를 따라 기어오르는 화려한 색깔의 거미를 닮았다. 길고 가느다란 꽃잎은 노란색이나 초록색을 띠고 있고, 갈색이나 적갈색의 줄무늬 또는 점무늬를 갖고 있다. 거미처럼 생긴 꽃들은 달콤하고 강렬한 향을 지니고 있으며, 늦봄에서 여름까지 꽃을 피운다. 가지 밑에서 부풀어 오르는 헛비늘줄기로부터 긴 띠 모양의 초록 잎 2~3장이 나온다.

물주기 봄과 여름에는 배양토 표면이 마르면 물을 준다. 빗물이나 증류수가 담긴 통에 화분을 30분 정도 담갔다가 물을 빼준다. 겨울에는 휴식이 필요하므로 헛비늘줄기가 오그라들지 않을 만큼만 물을 주고 건조하게 유지한다. 봄에서 늦여름까지 이파리에 매일 분무해주고, 젖은 자갈이 깔린 받침 위에 올려놓거나 실내 가습기로 습기를 공급한다.

영양 공급 새잎이 나는 봄의 중반부터 늦여름 사이에는 물주기 두 번마다 한 번씩 난초 전문 비료를 준다.

심기와 돌보기 지름 10~20cm의 투명한 화분에 난초 배양토(또는 나무껍질 배양토, 펄라이트, 숯을 6:1:1로 섞은 것)를 넣고 심는다. 공기뿌리는 빛에 노출되어야 하므로 덮지 않는다. 밝은 곳에 두며 여름의 직사광은 피하도록 한다. 건조하지 않게 하며, 통풍이 잘되도록 유의한다. 개화 후 첫째 마디(줄기 돌출부) 바로 위에서 꽃대를 잘라준다. 난초는 비좁은 환경을 좋아하므로 성장이 멈출 정도가 되었을 때에만 옮겨 심는다.

심비디움
Cymbidium species and hybrids

온도 10~24°C
빛 반양지
습도 중간
돌봄 아주 쉬움
키와 너비 미니어처 60×60cm, 표준형 1.2×0.75m

꽃이 잘 피어나는 난초로, 다른 식물들이 자신의 최상의 모습을 보여주지 못하는 늦가을에서 봄 사이에 실내를 환하게 만들어줄 것이다. 띠 모양의 초록 잎사귀 사이로 커다란 꽃대가 뻗어 나온다. 이름에 '하이브리드'(교배종)가 붙어 있으면 구하기 쉬운 편인데, 심비디움의 경우는 1.2m까지 자라는 '표준형'과 더 널리 보급되어 있는 '미니어처형' 두 가지 가운데 고를 수 있다. 창턱에 놓기에는 미니어처형이 더 잘 어울린다.

물주기 봄과 여름에는 배양토 표면이 마르면 물을 준다. 빗물이나 증류수를 위쪽에서 붓는데 이때 물이 잘 빠지는지를 확인한다. 겨울에는 2주에 한 번으로 횟수를 줄인다. 젖은 자갈이 깔린 받침 위에 두거나, 며칠에 한 번씩 분무한다.

영양 공급 물주기 세 번마다 한 번씩 2배로 희석한 일반 액체 비료를 준다. 여름에는 난초 전문 비료로 바꾸어 준다.

심기와 돌보기 지름 15~20cm의 불투명한 화분에 난초 배양토(또는 나무껍질 배양토, 펄라이트, 숯을 6:1:1로 섞은 것)를 넣고 심는다. 심비디움은 땅에서 자라기 때문에 공기뿌리가 없으므로 투명한 화분이 필요 없다. 일년 내내 반양지에서 키우며 여름에는 직사광을 피하도록 한다. 꽃봉오리 형성을 위해 밤낮의 기온차가 커야 하는 여름과 초가을(서리가 내리기 전)에는 부분적으로 그늘이 지는 테라스에 두는 것이 이상적이다. 늦가을에는 15°C 이하의 서늘한 실내에 두고, 꽃이 필 때는 좀 더 따뜻한 곳으로 들인다. 1~2년에 한 번 봄에 옮겨 심는다.

심비디움 하이브리드

심비디움 미니어처

'하이브리드'라는 이름이 붙은 것은 구하기도 쉽고 돌보기도 쉽다. 다채로운 색깔과 줄무늬, 점무늬 등등 여러 가지 꽃 가운데 선택할 수 있다.

30~60cm 크기의 작은 교배종이다. 다른 심비디움과 마찬가지로 꽃을 많이 보려면 서늘한 실내에 두는 것이 좋다.

덴드로비움 노빌레
Dendrobium nobile hybrids

온도 5~24°C
빛 반양지
습도 중간~높음
돌봄 어려움
키와 너비 60×45cm

향기로운 꽃이 매달린 곧추선
막대기 모양의 줄기가 가을부터 초봄까지
뻗어 나온다. 다양한 색깔의 꽃이 피며
그중에서도 분홍색과 흰색이 인기가 높다.
애지중지 보살펴주어야 하는데,
겨울에 잎이 떨어진다고 해서
크게 걱정할 것은 없다. 낙엽 떨구는 것과
비슷한 과정이다.

물주기 봄부터 늦여름까지 주 1~2회,
아침에 미지근한 빗물이나 증류수를 준다.
(111쪽 거미란의 물주기 참조)
초가을이 되면 꽃봉오리 형성을
자극하기 위해 2주에 1회로 줄인다.
겨울에는 물을 주지 말고,
헛비늘줄기가 말라버리지 않을 만큼만
가끔씩 분무해준다.

초봄부터 늦여름까지는
젖은 자갈이 깔린 받침 위에 둔다.

영양 공급 봄부터 여름까지 2배 희석한
종합 액체 비료를 2~3주에 한 번 준다.
늦여름의 한 달 동안은 2배 희석한
고농도 칼륨 비료로 바꾸어 준다.
그리고 이듬해 봄까지는 중단한다.

심기와 돌보기 지름 15~20cm의
투명한 화분에 난초 배양토(또는
나무껍질 배양토, 펄라이트,
숯을 6:1:1로 섞은 것)를 넣고 심는다.
밝은 곳에서 키우되 여름의 직사광과
외풍을 피하도록 한다.
꽃을 피우려면 일교차가 커야 하므로
여름에서 초가을(서리 내리기 전)까지
실외의 반음지에 두면 가장 잘 자란다.
겨울에 꽃이 피면 난방을 하지 않는
곳에 두고 밤의 기온이 10°C 밑도는
정도가 되게 한다.
해마다 봄에 옮겨 심는다.

덴드로비움 노빌레 '스타 클래스 아카쓰키'

밝은 색깔이 특징이다.
눈부신 자홍색 꽃이 피는데 한가운데는 희고
노란 색깔을 띤다.

덴드로비움 노빌레 '스타 클래스 아폴론'

맑고 흰 꽃을 피우는 종류로 인기가 높다.
길쭉한 꽃대에서 작은 꽃이 피어 오래 지속된다.

팬지난초
Miltoniopsis hybrids

온도 12~27°C
빛 반양지/반음지
습도 높음
돌봄 아주 쉬움
키와 너비 60×60cm

밀토니옵시스의 교배종으로 '밀토니아'라고도
부르는 작은 난초이다. 크고 향기로운 꽃을 피우는데,
꽃잎에 팬지 모양이 또렷하게 찍혀 있어
'팬지난초'라는 이름이 붙었다.
종류에 따라 봄이나 가을에 꽃을 피운다.

물주기 여름에는 1~2일에 한 번씩 빗물이나
증류수를 위에서 뿌려 식물이 흠뻑 젖게 한 다음
마를 때까지 그냥 둔다. 겨울에는 2~3주에
한 번으로 줄인다. 젖은 자갈이 깔린
받침 위에 올려두고, 며칠에 한 번씩 분무한다.

영양 공급 난초 전문 비료를 2주마다 주되,
염분이 쌓이지 않도록 한 달에 한 번
많은 양의 빗물이나 증류수로
씻겨 내려가게 한다.

심기와 돌보기 지름 15~20cm의
투명한 화분에 난초 배양토(또는
나무껍질 배양토, 펄라이트,
숯을 6:1:1로 섞은 것)를 넣고 심는다.
여름에는 반음지에 두는 것이 좋고,
겨울에는 창문 가까이 옮겨준다.
직사광과 건조해지는 것을 피하고,
해마다 봄에 옮겨 심는다.

온시디움
Oncidium hybrids

온도 13~25℃
빛 반양지
습도 중간
돌봄 아주 쉬움
키와 너비 60×60cm까지

줄기에 달린 수십 송이 작은 꽃들이 나비 또는
춤추는 숙녀를 떠올리게 하는데,
가을에 특별한 장관을 연출한다.
교배종은 돌보기 쉬운 편이며, 나무껍질이나
돌 위에서도 기를 수 있다.

물주기 배양토 표면이 약간 말랐을 때
빗물이나 증류수를 준다. 겨울에는 한 달에
한 번 준다. 젖은 자갈이 깔린 받침 위에 두고
1~2일에 한 번 분무한다.

영양 공급 난초 전문 비료를 4배 희석하여
물주기 2~3번에 한 번씩 준다.

심기와 돌보기 나무껍질 위나,
지름 12.5~15cm의 불투명 화분에
난초 배양토를 넣고 심는다.
밀집한 환경을 좋아하므로
새로운 성장이 일어나기에
너무 비좁을 경우에만 옮겨 심는다.

넬리 아일러
× Oncidopsis Nelly Isler gx

온도 16~24℃
빛 반양지/반음지
습도 높음
돌봄 어려움
키와 너비 50×50cm까지

교배종의 하나로, 길쭉한 꽃대에
화려한 빨간색 꽃이 달려 있고 꽃에는
하얀 점무늬와 노란 꽃술이 있어 주목을 끈다.
사계절 꽃을 볼 수 있는데 특히 가을에 번성한다.
강렬한 레몬 향을 풍긴다.

물주기 배양토 표면이 약간 말랐을 때에
빗물이나 증류수를 준다.
(111쪽 거미란의 물주기 참조)

겨울에는 약간 줄인다.
젖은 자갈이 깔린 받침 위에 두고
1~2일에 한 번 분무한다.

영양 공급 2배 희석한 난초 전문 비료를
1년 내내 2주에 한 번씩 준다.

심기와 돌보기 지름 15~20cm의
투명한 화분에 난초 배양토를 넣고 심는다.
16~24℃의 온도가 유지되는 곳에
직사광을 피해 둔다. 개화 뒤에는
가장 아래쪽의 마디(줄기 돌출부) 바로 위를
잘라서 다시 꽃을 피울 수 있게 유도한다.
1~2년에 한 번 옮겨 심는다.

복주머니란
Paphiopedilum 'Maudiae Femma'

온도 17~25°C
빛 반양지/반음지
습도 중간
돌봄 아주 쉬움
키와 너비 30×20cm

아주 매력적인 식물로, 크고 화려한 꽃은 색깔도
다양하다. 슬리퍼처럼 생긴 작은 주머니가 있어서
영어로는 '슬리퍼 난초'라 부른다.
보통 겨울에서 초여름까지 수 주일에 걸쳐
꽃이 피며, 몇몇 교배종은 다른 시기에도
꽃을 피운다. 초록색 민무늬 또는 얼룩무늬의
기다란 잎은 부채 모양을 하고 있어서
꽃이 피지 않을 때에도 보는 즐거움을 준다.
교배종이 돌보기가 더 쉽다.

물주기 봄에서 가을까지 1~2주에 한 번
빗물이나 증류수를 주어 배양토를 촉촉하게
유지한다.(111쪽 거미란 물주기 참조)
겨울에는 줄이되 배양토가 완전히
말라버리지 않도록 한다. 습도를 높이기 위해
젖은 자갈이 깔린 받침 위에 둔다.
단, 썩을 수도 있으므로 분무는 하지 않는다.

영양 공급 봄에서 가을까지
난초 전문 비료를 2~3주에 한 번 준다.
겨울에는 2배 희석해서 같은 주기로 준다.

심기와 돌보기 지름 15~20cm의
불투명 화분에 난초 배양토(또는
정제된 나무껍질 배양토와
펄라이트를 4:1로 섞은 것)를
넣고 심는다. 복주머니란은
땅에서 자라기 때문에
공기뿌리가 없으므로 투명한
화분이 필요 없다.
여름에는 직사광을 피해
반음지에 두고, 겨울에는
빛이 많이 드는 곳에 둔다.
잎이 초록색 민무늬인 것은
서늘한 곳을 좋아하며,
더 쉽게 볼 수 있는 얼룩무늬는
따뜻한 곳을 좋아해서 밤의 온도가
최소 17°C는 되어야 한다.
새로운 성장을 지켜보려면
해마다 꽃이 진 뒤 좀 더 큰 화분으로
옮겨 심는다.

호접란
Phalaenopsis hybrids

온도 16~27°C
빛 반양지/반음지
습도 중간
돌봄 쉬움
키와 너비 90×60cm까지

난초 가운데 구하기도 쉽고
기르기도 쉬운 종류이다. 아치형의 긴 가지 끝에
화려한 색깔과 섬세한 무늬가 있는
커다랗고 둥근 꽃이 달리는데, 꽃은 연중 핀다.
작은 공간이라면 소형 교배종이 어울린다.
겨울 한낮의 온도가 높은 곳을 좋아하며
난방이 가동되는 실내에서 잘 자란다.

물주기 배양토를 항상 촉촉하게 유지하고,
5~7일에 한 번 아침에 물을 준다.(경수가
많은 지역이라면 빗물이나 증류수를 사용하는
것이 좋다.)
겨울에는 양을 줄이되 배양토가 완전히
마르지 않도록 주의한다. 젖은 자갈이 깔린
받침 위에 두고 때때로 아침에 분무해준다.
그러면 밤의 추위가 오기 전에 여분의 물이
마를 것이다.

호접란 교배종

이름도 모르는 채로 난초를 구입하는 경우가 많은데,
손쉽게 구할 수 있는 것은 돌보기 쉬운
교배종일 가능성이 크다.
계획에 맞게 색깔을 선택하여 조화롭게 배치해본다.

영양 공급 물을 줄 때마다 난초 전문 비료를 함께 주는데, 한 달에 한 번은 비료 없이 담수를 흠뻑 주어 염분을 씻어낸다. 겨울에는 한 달에 한 번으로 줄인다.

심기와 돌보기 지름 10~15cm의 투명한 화분에 난초 배양토(또는 나무껍질 배양토, 펄라이트, 숯을 6:1:1로 섞은 것)를 넣고 심는다. 공기뿌리는 묻지 말고 드러나게 둔다. 여름에는 반음지에, 겨울에는 밝은 창문 가까이로 옮겨준다. 연중 따뜻한 곳을 좋아하므로 외풍과 지나친 온도 변화를 피한다. 개화 뒤에는 가장 아래쪽의 마디(줄기 돌출부) 바로 위를 잘라서 다시 꽃을 피울 수 있게 유도한다. 2년에 한 번씩 좀 더 큰 화분으로 옮겨 심는다.

호접란 미니어처

소형 교배종 호접란은 분홍색, 복숭아색, 흰색 등 색깔이 다양하다. 창턱에 두면 잘 어울린다.

반다
Vanda hybrids

온도 16~32°C
빛 반양지
습도 높음
돌봄 어려움
키와 너비 1.2×0.6m

돌보는 데 손이 많이 가는 열대산 난초이다. 하지만 봄과 여름에 지름이 15cm까지 자라는 크고 화려한, 가끔씩 무늬도 있는 꽃을 위해서라면 공 들일 가치가 충분하다. 높은 습도를 유지해야 하며, 배양토 없이 화병이나 개방형 철제 바구니에서 키우는 경우가 많다.

물주기 매일 아침 미지근한 빗물이나 증류수가 담긴 통에 뿌리를 15분 정도 담갔다가 녹색이 되면 건져내서 물을 빼준다. 겨울에는 3~4일에 한 번으로 줄인다. 높은 습도를 요하므로 하루에 여러 번 분무하거나 가습기를 틀어놓는다.

영양 공급 분무기에 난초용 비료를 넣고 일주일에 한 번씩 뿌리와 이파리에 뿌려준다. 겨울에는 두 달에 한 번 준다.

심기와 돌보기 바구니나 크고 투명한 화병에서 배양토 없이 키운다. 여름에는 직사광을 피한 밝은 곳에, 겨울에는 빛이 잘 드는 곳에 둔다. 따뜻하고 환기가 잘되는 온실이나 욕실이 이상적이다. 가을에 밤 기온을 낮추어주면 꽃봉오리 형성이 촉진된다. 옮겨 심을 때는 먼저 뿌리를 적셔 바구니에서 부드럽게 꺼낸 다음 더 큰 바구니에 넣는다. 그러면 뿌리가 방해받지 않고 자랄 수 있다.

캄브리아난초
× *Vuylstekeara Cambria* gx 'Plush'

온도 10~24°C
빛 반양지
습도 높음
돌봄 어려움
키와 너비 50×35cm까지

이 아름다운 교배종 난초는 구하기 쉽지 않지만 도전을 좋아한다면 시도할 가치가 있다. 노력에 대한 보답으로 크고 빨갛고 향기로운 꽃이 기다란 아치형 줄기에 달릴 텐데, 흰색 점무늬 꽃잎과 노란 꽃술도 아름다움을 더한다. 꽃은 연중 피는데 겨울과 봄에 많이 볼 수 있으며, 오래 지속된다.

물주기 배양토 표면이 약간 말랐을 때 빗물이나 증류수를 준다.(111쪽 거미란 물주기 참조) 봄에서 가을까지는 5~7일마다, 겨울에는 7~10일마다 준다. 젖은 자갈이 깔린 받침 위에 두고 1~2일에 한 번 잎에 분무하거나, 가습기를 사용한다.

영양 공급 난초용 비료를 2배 희석하여 물주기 2~3회마다 한 번씩, 일 년 내내 준다.

심기와 돌보기
지름 10~20cm의 투명 화분에 난초 배양토를 넣고 심는다. 개화를 촉진하려면 밤 기온을 6°C 이하로 떨어뜨린다. 개화 뒤에는 가장 아래쪽의 마디(줄기 돌출부) 바로 위를 잘라서 다시 꽃을 피울 수 있게 유도한다. 헛비늘줄기가 화분을 가득 채웠을 때만 옮겨 심는다.

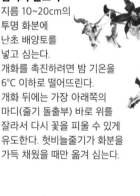

그 밖의 꽃식물

많은 실내 식물이 꽃을 피우지만,
그중에서도 아름다운 꽃을 보기 위해
특별히 재배되는 것들이 있다.
이들을 이용하면 무성한 초록 잎들 사이에서
계절감을 느끼게 하는 색상을 디스플레이에
더할 수 있다. 여기에는 연중 서로 다른 시기에
꽃을 피우는 식물들을 모아놓았는데,
그중 일부는 한겨울에도 꽃을 피운다.

아부틸론
Abutilon × hybridum

온도 12~24℃
빛 반양지
습도 낮음
돌봄 아주 쉬움
키와 너비 90×60cm까지

종 모양의 꽃이 커다랗게 피는 키 큰 관목으로
집 안을 장식해보자. 꽃 색깔은 빨강, 노랑, 분홍,
하양 등으로 다양하다.
녹색 또는 얼룩무늬의 잎은 단풍나무 잎을 닮았는데,
꽃이 피어 있는 여름 동안 꽃을 돋보이게 해줄 것이다.

물주기 봄에서 가을까지는 배양토를
촉촉하게 유지하고,
겨울에는 배양토 표면이 말라버리면 준다.

영양 공급 봄에서 가을 사이에
종합 액체 비료를 2주에 한 번씩 주는데,
여름에는 고농도 칼륨 비료로 대체한다.

심기와 돌보기 지름 20~30cm 화분에
다용도 배양토와 흙 배양토를 1:1로 섞어 넣고
심는다.
밝은 곳에 두고, 겨울에는 낮의 온도가
16~20℃ 되는 서늘한 실내로 옮긴다.
봄에 가지치기와 순따주기를 해주면
크기는 아담하면서도
잎은 무성하게 키울 수 있다.
필요하면 가을에도 가지치기를 한다.
2년에 한 번씩 옮겨 심는다.

안수리움
Anthurium andraeanum AGM

온도 16~24°C
빛 반양지
습도 중간
돌봄 아주 쉬움
키와 너비 45×30cm

최고의 실내 식물 중 하나로 화살 모양의 진녹색 잎,
우아하고 매끈한 꽃을 연중 선사한다.
심플하고 모던한 모양의 화분과 가장 잘 어울린다.
꽃은 흰색, 빨간색, 멋진 버건디색 등 다양한
색깔이 있고, 물방울 모양의 불염포(꽃을 감싸고
있는, 포가 변형된 큰 꽃턱잎)와
길쭉한 육수화서(수많은 잔꽃이 모여 피는 꽃차례)로
이루어져 있다. 세련된 모양새와 넘치는
매력을 갖춘 식물로, 영어로는 '꼬리 꽃',
'홍학 꽃' 등으로 부른다. 기르기 무척 쉽다.

물주기 일 년 내내 배양토를 촉촉하게 유지하되,
뿌리가 썩을 수 있으므로 물에 담그지 않는다.
며칠에 한 번씩 분무하거나,
젖은 자갈이 깔린 받침 위에 둔다.

영양 공급 봄부터 여름까지 2배 희석한
고농도 칼륨 용액 비료를 2주에 한 번씩 준다.

심기와 돌보기 지름 12.5~20cm 화분에
다용도 배양토와 흙 배양토를 같은 비율로
섞어 넣고, 뿌리가 흙 표면 위로 살짝 드러나도록
심는다.
뿌리가 마르지 않도록 이끼로 덮어준다.
연중 밝은 반양지에 두고 20~24°C를 유지한다.
뿌리가 엉겼을 때에만 옮겨 심는다.

안수리움 – 흰 꽃

안수리움 가운데 빨간색 꽃이 널리 퍼져 있는데,
시원하고 세련된 느낌의 흰 꽃도 인기가 높고
구하기 쉽다.

안수리움 – '블랙 퀸'

어두운 색 꽃이 유행하면서 관능적인 색조의 꽃들을
교배하는 데 성공했다. 버건디색, 검은색에 가까운
색, 분위기 있는 투톤 컬러까지 만날 수 있다.

천사의나팔
Brugmansia × candida

온도 16~25°C
빛 양지/반양지
습도 중간
돌봄 아주 쉬움
키와 너비 1.2×1m
주의! 모든 부위에 독성이 있다.

저녁에 매혹적인 향기를 내뿜는 크고 화려한
나팔 모양의 꽃 덕분에 온실이나 크고 밝은 실내에서
선호도 높은 식물로 자리 잡았다.
노란색, 분홍색, 하얀색, 빨간색 꽃이 핀다.
다만 모든 부위에 독성이 있다는 결점이 있으므로,
어린이나 반려동물이 있다면 피하는 것이 좋다.

물주기 봄부터 초가을까지 배양토를 촉촉하게
유지한다. 기온이 떨어지는 겨울에는
양을 줄여서 약간 젖을 정도로만 준다.

영양 공급 봄에는 한 달에 한 번
종합 액체 비료를 주고,
여름에는 고농도 칼륨 비료로 바꾸어 준다.

심기와 돌보기 지름 20~30cm 화분에
흙 배양토를 넣고 심는다.
겨울에는 햇빛이 드는 서늘한 실내에 둔다.
개화 뒤에는 장갑을 끼고 가지치기를 해주어
너무 커지지 않게 해준다. 지나치게 쳐내면
꽃을 잃을 수 있으니 주의한다.
2~3년에 한 번씩 옮겨 심는다.

꽃도라지
Eustoma grandiflorum

온도 12~24℃
빛 양지/반양지
습도 낮음
돌봄 아주 쉬움
키와 너비 30×45cm

컵 모양의 꽃이 피는 예쁜 1년생 식물로,
플로리스트들의 사랑을 받고 있다.
실내 식물로도 기를 수 있어서 봄과 여름에
식물들을 섞어서 배치할 때 색채를
더해주는 역할을 한다. 보라색, 분홍색, 하얀색,
투톤 컬러 등 다양한 빛깔을 선보인다.
정원 장식용으로 쓰이는 아담한 크기의
품종이 있으니 혼동하지 않도록 주의하라.

물주기 봄부터 가을까지 흙을 촉촉하게
유지하되, 과습이 되지 않도록 주의한다.

영양 공급 봄부터 가을까지
고농도 칼륨 비료를 2주에 한 번씩 준다.

심기와 돌보기 지름 15~20cm 화분에
다용도 배양토를 넣고 심는다.
봄에 데려온 어린 식물은 볕 좋은 곳에 두면
빠르게 자라는데, 여름 한낮의 강한 햇빛은
피하도록 한다. 더 많은 꽃과 무성한 가지를
보고 싶다면 봄에 가지 끝을 잘라주고
주기적으로 시든 꽃을 따낸다.
해마다 새로운 식물을 구입한다.

엑사쿰 아피네
Exacum affine AGM

온도 18~24℃
빛 반양지
습도 중간~높음
돌봄 아주 쉬움
키와 너비 20×20cm

이 식물을 감상할 수 있는 기간은 몇 달 안 된다.
그러나 노란색 꽃술과 청보라색 꽃잎이 달린
향기로운 꽃이 윤기가 도는 초록 잎 위로
피어오르면 기를 만한 가치가 충분하다고
느낄 것이다. 첫 해에 잎이 나고
이듬해 꽃이 피는 2년생 식물인데,
구입한 해에 꽃을 볼 수 있도록 판매되고 있다.

물주기 뿌리가 마르면 꽃이 빨리 시들어버리니
배양토를 촉촉하게 유지한다.
1~2일에 한 번씩 미지근한 물로 분무하거나,
젖은 자갈이 깔린 받침 위에 둔다.

영양 공급 봄부터 늦여름까지 2배 희석한
종합 액체 비료를 2주에 한 번씩 준다.

심기와 돌보기 옮겨 심을 필요가 없을지도
모르지만, 뿌리가 엉겼다면(192~193쪽 참조)
다용도 배양토를 담은 좀 더 큰 화분으로 옮긴다.
겨울이나 초봄에 씨앗을 발아시켜도 좋다.
(208~209쪽 참조)

꽃치자
Gardenia jasminoides AGM

온도 16~24℃
빛 반양지
습도 높음
돌봄 아주 쉬움
키와 너비 60×60cm
주의! 모든 부위에 반려동물에 해로운
독성이 있다.

달콤한 향을 내는 하얀색의 크고 둥근 꽃이 매력인데,
윤기 나는 진녹색 잎 사이에서 여름과 가을에
피어난다. 따뜻하고 서리가 내리지 않는 기후에서는
크게 자랄 수 있지만, 실내 화분에서는 60cm 이상
자라기 힘들다.

물주기 봄부터 가을까지는 미지근한 증류수나
빗물을 주어 배양토를 촉촉하게 유지한다.
겨울에는 배양토 표면이 말랐을 때 물을 준다.
잎에 정기적으로 분무하거나(꽃은 피한다),
젖은 자갈이 깔린 받침 위에 둔다.

영양 공급 봄부터 늦여름까지 산성을 좋아하는
식물용으로 나온 비료를 2배 희석하여
2주에 한 번씩 준다.

심기와 돌보기 지름 20~30cm 화분에
철쭉 배양토를 넣고 심는다. 직사광이 들지 않고
외풍이 없는 밝은 곳에 둔다.
꽃봉오리가 떨어지는 것을 막으려면
여름 기온이 낮에는 21~24℃, 밤에는
15~18℃가 되어야 한다.
겨울에는 햇빛이 잘 드는 창가에 둔다.
2~3년마다 봄에 옮겨 심는다.

거베라
Gerbera jamesonii

온도 13~24℃
빛 양지/반양지
습도 낮음~중간
돌봄 아주 쉬움
키와 너비 60×60cm까지

꽃은 종종 부케에 사용된다.
키 큰 꽃대에 데이지를 닮은 화려한 꽃이 달리며,
밝은 초록색의 잎은 삼각형을 띠고 있다.
꽃은 주로 여름에 피지만,
따뜻한 실내에서 빛을 충분히 쪼이면
연중 간헐적으로 꽃을 볼 수 있다.

물주기 봄부터 여름 사이에는
배양토를 촉촉하게 유지하되,
과습이 되지 않도록 주의한다.
겨울에는 배양토 표면이 말랐을 때 준다.

영양 공급 봄부터 늦여름까지
종합 액체 비료를 2주에 한 번씩 준다.

심기와 돌보기 지름 12.5~15cm 화분에
다용도 배양토와 흙 배양토를 1:1로 섞어 넣고
심는다. 밝고 서늘하며 통풍이 잘되는 곳에 두며,
여름 한낮의 햇빛은 피한다.
밤 기온이 10℃ 아래로 떨어지지 않으면
연중 꽃을 피우기도 한다.
뿌리가 엉겼을 때 옮겨 심는다.

하와이무궁화
Hibiscus rosa-sinensis

온도 10~26℃
빛 양지/반양지
습도 중간
돌봄 쉬움
키와 너비 1×2m

여름에 최고조에 달하는 식물로,
나팔 모양을 한 큰 꽃과 싱싱한 초록 잎이
화려한 쇼를 펼친다.
빛이 잘 드는 따뜻한 실내라면
다른 계절에도 꽃을 피운다.
흰색, 빨간색, 주황색 등으로
꽃잎의 색깔이 다양한데,
그 한가운데는 대부분 암적색을 띠고 있다.

물주기 봄부터 가을까지는 배양토를
촉촉하게 유지하고, 겨울에는 배양토 표면이 마르면
물을 준다. 규칙적으로 분무하거나,
젖은 자갈이 깔린 받침 위에 둔다.

영양 공급 봄부터 가을까지
종합 액체 비료를 2주에 한 번씩 준다.

심기와 돌보기 지름 20~25cm의 큰 화분에
실내 식물 배양토(혹은 흙 배양토와 다용도 배양토를
1:1로 섞은 것)를 넣고 심는다.
밝은 곳에 두고, 여름의 직사광과 외풍을 피한다.
아담하게 자라도록 하려면 봄에 가지치기를
과감하게 한다. 봄마다 배양토 윗부분을 갈아주고,
2~3년에 한 번 옮겨 심는다.

수국
Hydrangea macrophylla

온도 -10~21℃
빛 반양지/반음지
습도 중간
돌봄 아주 쉬움
키와 너비 1×1m
주의! 모든 부위에 독성이 있다.

실내에서 오래도록 잘 키우기 어려운
덩치 큰 관목이지만, 2년 정도는
아름다운 실내 식물로 기를 수 있다.
여름에 푸른 잎과 커다란 두상화가
가라앉은 실내를 환하게 만들어줄 것이다.

물주기 봄에서 가을까지 배양토를
촉촉하게 유지한다. 푸른색 꽃이라면
빗물이나 증류수를 사용한다.
겨울에는 습기가 느껴질 정도로만
유지한다.

영양 공급 봄과 여름에 2배 희석한
종합 액체 비료를 2주에 한 번씩 준다.

심기와 돌보기 지름 20~25cm 화분에
심는데, 파란색 꽃이라면 철쭉 배양토를,
기타 색깔의 꽃이라면 흙 배양토를
이용한다. 서늘한 실내나 복도의
반양지에 둔다. 겨울에는 그늘진 곳이나
차고 등으로 옮겼다가 봄에 다시 실내로
들인다. 초봄에 가볍게 가지치기를
해준다. 1~2년 뒤 정원에 심거나
큰 화분으로 옮겨 야외 테라스에서
키운다.

아프리카봉선화
Impatiens 'New Guinea' hybrids

온도 16~24℃
빛 반양지/반음지
습도 중간
돌봄 쉬움
키와 너비 20×30cm

잎은 진녹색 또는 청동빛을 띠고 있으며,
꽃은 분홍, 연보라, 빨강, 하양, 주황 등
다양한 색깔로 둥글고 풍성하게 피어난다.
이국적이면서 아름다운 조화를 이루는 식물이다.
여름에 실외에서 잘 자라며,
늦봄부터 가을까지는 화사한 색깔 덕분에
훌륭한 실내 식물이 되어준다.

물주기 봄부터 가을까지 배양토를 촉촉하게
유지한다. 겨울에는 배양토 표면이
말랐을 때에 물을 준다.

영양 공급 봄부터 가을까지
고농도 칼륨 비료를 2주에 한 번씩 준다.

심기와 돌보기 지름 12.5~15cm의 중간 크기
화분에 다용도 배양토를 넣고 심는다.
비좁은 환경을 좋아하므로 너무 큰 화분은
피한다. 직사광이 들지 않는 밝은 곳에 둔다.
시든 꽃을 주기적으로 따주면 꽃을 더 오래
볼 수 있다. 가을에 가지치기를 해주거나,
아니면 봄마다 씨를 뿌리거나 새로 구입한다.

새우풀
Justicia brandegeeana AGM

온도 15~25℃
빛 양지/반양지
습도 낮음
돌봄 쉬움
키와 너비 60×60cm

멕시코 원산으로 분홍색과 노란색 꽃이
작은 새우를 닮아서 '새우풀'이라는 이름을 얻었고,
이를 흥미로운 화젯거리로 삼을 수 있다.
창 모양의 잎 사이에서 피어나는 꽃은
화려한 포엽에 싸인 작고 하얀 꽃들로 이루어져 있다.
꽃은 어느 계절에나 피어난다.

물주기 봄과 여름에는 배양토가 촉촉해야
하며, 겨울에는 배양토가 마르면 물을 준다.

영양 공급 봄의 중반부터 초가을까지
종합 액체 비료를 2주에 한 번씩 준다.

심기와 돌보기 지름 15~20cm의 중간 크기
화분에 흙 배양토를 넣고 심는다.
밝은 곳에 두되 여름 한낮의 햇빛은 피한다.
봄마다 과감하게 가지치기를 해주면
크기를 아담하게 유지하면서도 무성하게
자라는 습성을 키워줄 수 있다.
2~3년에 한 번씩 뿌리가 엉겼을 때
봄에 옮겨 심는다.

란타나 카마라
Lantana camara

온도 10~25℃
빛 양지/반양지
습도 낮음
돌봄 아주 쉬움
키와 너비 화분에서 1×1m까지

제법 크게 자랄 수 있는 관목으로 봄부터
늦여름까지 작고 둥근 꽃 뭉치가 아름답게 핀다.
지중해나 캘리포니아에서 즐기는 휴가를
연상시키는 모습인데, 화분에 심어 실외에서
키우기도 한다. 분홍색, 빨간색, 노란색,
크림색 등 꽃 색깔이 다양하다.
커다란 것을 아담한 크기로 가꿀 수도 있고,
작은 품종을 구입할 수도 있다.

물주기 봄부터 가을까지의 성장기에는
배양토를 촉촉하게 유지하고,
겨울에는 습기가 느껴질 정도로만 물을 준다.

영양 공급 여름부터 가을까지
종합 액체 비료를 한 달에 한 번씩 준다.

심기와 돌보기 지름 20~30cm의 큰 화분에
흙 배양토와 굵은 모래를 3:1로 섞어 넣고 심은 뒤,
양지바른 곳에 둔다. 화분에 넘치도록 자라면
겨울에 가지치기를 하고, 뿌리가 엉기면
2~3년마다 옮겨 심는다. 씨앗을 발아시켜
기를 수도 있다.(208~209쪽 참조)

메디닐라 마그니피카
Medinilla magnifica AGM

온도 17~25℃
빛 반양지
습도 중간~높음
돌봄 어려움
키와 너비 1.2×1m까지

필리핀의 열대우림이 원산지로,
여름에 꽃이 피면 눈부신 장관이 펼쳐진다.
긴 아치형 가지에 매달린 커다란 꽃은
분홍색 포엽, 보라색 작은 꽃과 씨앗으로
이루어져 있다. 넓적한 타원형의
진녹색 잎은 잎맥이 도드라져 보여서
더욱 볼만하다. 아래로 넘쳐흐를 수
있도록 키 큰 화분이나 받침대에 두고
키우면 좋다.

물주기 물은 절제해서 주는 것이 좋다.
미지근한 빗물이나 증류수가 담긴 쟁반에
화분의 밑동이 잠기도록 하고, 약 20분 뒤
들어 올려 물을 뺀다. 배양토 표면이 마르면
물을 준다. 개화 후 새 꽃대가 나오는 초봄까지는
물 주는 양을 줄인다. 1~2일에 한 번 분무하거나,
젖은 자갈이 깔린 받침 위에 둔다.

영양 공급 봄부터 늦여름까지
2배 희석한 고농도 칼륨 용액을
2주에 한 번씩 준다.

심기와 돌보기 지름 20~25cm 화분에
난초 배양토를 넣고 심는다. 밝은 곳에 두되
직사광은 피한다. 겨울에는 햇빛이 잘 드는
창문 가까이로 옮긴다. 개화 뒤에 꽃줄기를
잘라내고, 2~3년마다 옮겨 심는다.

제라늄
Pelargonium species and hybrids

온도 7~25℃
빛 양지/반양지
습도 낮음
돌봄 쉬움
키와 너비 40×25cm까지

여름 정원의 화분에서 자라는 경우도 많지만,
몇몇 품종은 실내 식물로 기를 때 더 오랫동안
꽃을 볼 수 있다. 큰 꽃들이 모여 피는
리걸제라늄과, 잎에 짙은 색깔 고리 무늬가 있는
무늬제라늄을 찾아 키워보라.
작은 꽃과 향기로운 잎이 있는 제라늄도
인기가 높은데, 잎을 만지면 레몬, 민트 또는
장미 냄새가 난다.

물주기 봄부터 여름까지
배양토 표면이 마르면 물을 주는데,
이때 잎과 꽃이 젖지 않도록 주의한다.
겨울에는 배양토가 거의 말라 있게 둔다.

영양 공급 봄에 종합 액체 비료를
2주에 한 번씩 준다.
여름에는 고농도 칼륨 비료로 바꾸어 준다.

심기와 돌보기 지름 12.5~20cm 화분에
다용도 배양토나 흙 배양토에
굵은 모래를 섞어 심는다.
양지에 두되 여름 한낮의 햇빛은 피하고
통풍이 잘되는 곳에 둔다.
성장이 시작되기 직전인 초봄에
가지치기를 한다. 해마다 조금 더 큰 화분에
새 배양토를 담아 옮겨 심는다.

시네라리아
Pericallis × hybrida Senetti Series

온도 5~21℃
빛 반양지
습도 낮음
돌봄 쉬움
키와 너비 35×25cm

꽃 모양은 데이지를 닮았으며,
봄부터 여름까지 화사한 진분홍, 파랑, 보라,
또는 투톤 색깔로 불꽃처럼 타오르는 듯한
꽃을 피워 강렬한 인상을 던진다.
초록색 잎은 가장자리가 물결치는 듯한
삼각형을 하고 있으며, 그 위로 꽃이 피어난다.
일년생 식물로, 초여름에 가지치기를 해주면
그해 하반기에 다시 꽃을 피울 것이다.

물주기 배양토를 촉촉하게 유지하되,
뿌리가 썩을 수 있으니 흠뻑 적시지는 않는다.

영양 공급 봄부터 가을까지
종합 액체 비료를 한 달에 한 번씩 준다.

심기와 돌보기 지름 15cm의 중간 크기 화분에
다용도 배양토를 넣고 심는다.
서늘하고 밝은 실내에 두며 난방기는 멀리한다.
꽃이 시들었을 때 배양토 표면에서
10~15cm 되는 부분을 가지치기 해주면
두 번째 개화가 촉진된다.
해마다 새로 구입한다.

석류나무
Punica granatum

온도 -5~25℃
빛 양지/반양지
습도 낮음
돌봄 아주 쉬움
키와 너비 2×2m

온화한 기후에서는 야외에서 크게 자랄 수 있는
관목이지만, 실내 화분에서 키우면 자라는 데
한계가 있다. 낙엽성의 타원형 잎은 어릴 때는
청동빛을 띠었다가 초록으로 변한다.
늦여름에 깔때기 모양의 붉은 꽃이 피고
뒤이어 먹을 수 있는 둥근 열매가 맺힌다.
소형 품종인 애기석류는 작은 공간에 잘 어울리지만
열매는 먹을 수 없다.

물주기 봄부터 가을까지
배양토를 촉촉하게 유지하고,
겨울에는 배양토 표면이 말랐을 때
물을 준다.

영양 공급 봄부터 여름까지
종합 액체 비료를 한 달에 한 번씩 준다.
꽃봉오리가 나오면 고농도 칼륨 비료로
바꾸어 준다.

심기와 돌보기 지름 20~30cm의 큰 화분에
흙 배양토와 굵은 모래를 3:1로
섞어 넣고 심는다. 봄에는 햇빛이 드는
실내에 두고, 잎이 지고 난 겨울에는
서늘한 곳으로 옮긴다. 기온이 적어도
13~16℃가 되어야 열매가 익는다.
봄에는 가지치기를 해주고,
2~3년마다 옮겨 심는다.

대만철쭉
Rhododendron simsii

온도 10~24℃
빛 반음지
습도 낮음
돌봄 아주 쉬움
키와 너비 45×45cm
주의! 모든 부위에 독성이 있다.

봄의 완벽한 청량제 역할을 하는 이 식물은,
윤기 나는 진녹색의 잎과 일찍 피는 꽃이
함께 어울려 봄의 서늘한 실내에 활기를
불어넣어줄 것이다. 한두 개의 꽃으로 된 꽃 뭉치는
주름진 모양을 하고 있기도 하며,
분홍, 빨강, 하양, 혹은 투톤 색깔로 피어난다.
꽃봉오리 역시 아름다우며, 꽃은 한번 피면
몇 주일 동안 지속된다.

물주기 초봄부터 가을까지는
빗물이나 증류수를 주어 배양토를 촉촉하게
유지한다. 겨울에는 물의 양을 줄이되
식물이 마르지 않도록 한다.

영양 공급 봄부터 가을까지 산성을 좋아하는
식물에 맞추어 나온 종합 액체 비료를
한 달에 한 번씩 준다.

심기와 돌보기 식물의 크기에 달렸지만,
지름 15~20cm 정도의 화분에 철쭉 배양토를
넣고 심는다. 꽃이 필 때는 반음지의 서늘한
실내에, 여름에는 야외의 그늘진 곳이나
서늘한 실내에 둔다. 뿌리가 엉기면
2~3년에 한 번 봄에 옮겨 심는다.

아프리칸바이올렛
Saintpaulia cultivars

온도 16~24℃
빛 반양지
습도 중간
돌봄 아주 쉬움
키와 너비 7.5×20cm까지

오래전부터 사랑받아왔는데
최근 들어 또다시 명성을 얻고 있다.
작고 둥근 꽃들은 분홍색, 빨간색, 보라색, 하얀색 등
다채로운 색깔로 피어나며,
꽃잎은 주름진 모양을 하고 있다.
잎은 부드럽고 둥근 진녹색이며
밑면이 적갈색을 띠기도 한다.
이 잎들 위로 꽃이 연중 피어난다.

물주기 물이 담긴 얕은 쟁반에 화분 밑동이
잠기게 하여 20분가량 둔다.
배양토가 젖어 있으면 뿌리가 썩을 수 있으니
담근 뒤에는 물을 잘 빼준다.
배양토 표면이 말랐을 때 물을 준다.
습도를 높이기 위해 젖은 자갈이 깔린
받침 위에 둔다.

영양 공급 봄과 늦여름 사이에
종합 액체 비료를 한 달에 한 번씩 준다.

심기와 돌보기 지름 7.5~10cm의
작은 화분에 실내 식물용 배양토(또는
흙 배양토와 다용도 배양토를 2:1로
섞은 것)를 넣고 심는다.
외풍이 들지 않는 반양지에 두고,
겨울에는 해가 드는 창가로 옮긴다.
시든 꽃은 따주며, 뿌리가 엉겨
비좁아졌을 때에만 옮겨 심는다.

예루살렘체리
Solanum pseudocapsicum

온도 10~21°C
빛 반양지
습도 낮음
돌봄 아주 쉬움
키와 너비 45×60cm
주의! 모든 부위에 독성이 있다.

1년 중 상당 기간 눈에 띄지 않다가,
가을이 되면 빨간 토마토 같은 열매가 달리기
시작해 색깔의 향연이 겨울까지 지속된다.
겨울 축제 장식에 활용하면
자연스럽게 화려한 색채를 더할 수 있다.
물결 모양의 진녹색 잎과 여름에 피는
별 모양 흰 꽃은 또 다른 즐거움을 준다.
열매는 독성이 있으므로 먹을 수 없다.

물주기 늦은 봄부터 한겨울까지
배양토를 촉촉하게 유지한다.
열매가 떨어진 뒤에는
배양토 표면이 말랐을 때에 물을 준다.

영양 공급 늦봄부터 열매가 달릴 때까지
한 달에 한 번 종합 비료를 주다가,
열매가 달리면 몇 주 동안은 공급을 멈춘다.

심기와 돌보기 지름 10~15cm 또는
이보다 큰 화분에 흙 배양토와
다용도 배양토를 1:1로 섞어 넣고 심는다.
가을부터 봄까지는 밝은 곳에 둔다.
서리가 내린 뒤에는 실외에 두고,
여름에는 서늘하고 밝은 곳에 둔다.
열매가 쪼그라들었을 때 가지치기를 해주면
무성하게 자랄 수 있다.
2~3년에 한 번씩 봄에 옮겨 심는다.

스파티필룸
Spathiphyllum wallisii

온도 12~24°C
빛 반양지/반음지
습도 중간
돌봄 쉬움
키와 너비 60×60cm
주의! 모든 부위에 독성이 있다.

윤기 나는 진녹색 잎과 크고 하얀 꽃이
우아함을 자랑한다. 꽃은 '육수화서'라고 하는 작은
꽃들과 물방울 모양의 '불염포'로 구성되어 있다.
꽃은 봄에 피어 오래 지속되며,
흰색에서 녹색으로 변색하면서 점차 시들어간다.
공기 정화 기능이 있다.

물주기 봄부터 가을까지
배양토를 촉촉하게 유지하고,
겨울에는 배양토 표면이 말랐을 때에 물을 준다.
정기적으로 분무하거나,
젖은 자갈이 깔린 받침 위에 둔다.

영양 공급 초봄에서 늦가을까지
종합 액체 비료를 2주에 한 번씩 준다.

심기와 돌보기 지름 15~20cm 화분에
다용도 배양토와 흙 배양토를 1:1로 섞어 넣고
심는다. 밝은 곳이나 약간 그늘진 곳에 두며,
직사광은 피한다. 꽃이 지면 꽃줄기를 잘라준다.
뿌리가 엉겼을 때에만 옮겨 심는다.

극락조
Strelitzia reginae AGM

온도 12~24°C
빛 양지/반양지
습도 중간
돌봄 어려움
키와 너비 90×60cm
주의! 모든 부위에 독성이 있다.

커다란 노처럼 생긴 청회색 잎들이 조각품 같은 꽃을
둘러싸고 있다. 다 자라기까지는 적어도 3년이
걸리는데, 이국의 새를 닮은 꽃이 피어나려면
그 뒤로도 몇 달이 더 걸린다.

물주기 봄과 여름에는 배양토를 촉촉하게
유지하고, 가을과 겨울에는
배양토 표면이 말랐을 때에 물을 준다.
매일 분무하고, 젖은 자갈이 깔린
받침 위에 두거나 가습기를 사용한다.

영양 공급 봄부터 가을까지
종합 액체 비료를 2주에 한 번씩 준다.

심기와 돌보기 지름 20~30cm 화분에
흙 배양토와 굵은 모래를 3:1로 섞어 넣고 심는다.
햇빛이 충분한 곳에 두고 여름에는
통풍이 잘되도록 해준다. 해마다 배양토 윗부분을
갈아주고, 2년에 한 번씩 봄에 옮겨 심는다.

케이프앵초
Streptocarpus hybrids

온도 12~24℃
빛 반양지/반음지
습도 중간
돌봄 쉬움
키와 너비 60×60cm

어떤 장식에도, 어떤 배치에도 잘 어울리는 식물로,
흰색, 분홍색, 빨간색, 파란색, 보라색 등
다양한 색깔의 꽃이 피어난다.
투톤 혹은 무늬가 있는 꽃도 있다.
주름진 창 모양의 녹색 이파리 위로
가는 줄기가 뻗어 나와 꽃이 피는데,
봄부터 가을까지 볼 수 있다. '크리스털' 등의 품종은
겨울에도 꽃을 피운다. 재배하기도 아주 쉬워서
창가나 실내의 밝은 곳에 두면
몇 년 동안 공간을 꾸며줄 것이다.

물주기 물이 담긴 쟁반에 화분을 올려놓고
20분가량 두는데 이때 위에서도 물을 준다.
그런 뒤 물이 빠지게 한다.
봄부터 가을까지는 배양토 표면이
말랐을 때 주고, 겨울에는 양을 더 줄여
배양토가 거의 말라 있게 한다.
과습은 뿌리를 썩게 하므로 주의한다.

영양 공급 봄부터 가을까지
고농도 칼륨 비료를 한 달에 한 번씩 준다.

심기와 돌보기 지름 10~15cm의
소형 화분에 다용도 배양토나
실내 식물 배양토를 넣고 심는다.
하루에 절반가량은 직사광을 받는
창가의 근처처럼 부분적으로 그늘진 곳에 둔다.
겨울 동안에는 계속해서 직사광이 들어오는
창턱으로 옮긴다.
꽃이 시들기 시작하면 꽃줄기를 자르고,
새로운 성장이 나타나는 봄에는
오래된 잎들을 제거한다.
봄마다 조금 더 큰 용기에 옮겨 심는데,
뿌리가 약간 엉겨 있는 상태로 둔다.

케이프앵초 '폴카닷 퍼플'

흔치 않은 품종이다.
하얀색 꽃에 세련된 보랏빛 레이스 문양이 장식되어
있는데, 멀리서 보면 점무늬 같기도 하다.

케이프앵초 '폴링 스타'

경연 대회 수상 경력이 있는 품종으로,
초봄부터 가을까지 연푸른색의 작은 꽃들을 풍성하게
선사한다.

케이프앵초 '핑크 레일라'

꽃을 자세히 보면 위쪽에는 깨끗한 흰색의 꽃잎이,
아래쪽에는 로즈핑크로 붓질한 듯한 모양의
꽃잎이 있다.

케이프앵초 '타르가'

'스텔라'라고 부르기도 하는데,
이름이야 어떻든 훌륭한 품종 중 하나이다. 벨벳
같은 꽃이 풍성하게 피어나는데,
투톤의 보랏빛 색조를 띠고 있으며
살짝 광택이 돈다.

고사리

양치류는 잎이 섬세하게 갈라지거나
가장자리가 물결치는 듯한 모양을 띠고 있는
것이 특징이다. 여기에 우아하게 가지를
아치형으로 뻗는 고사리들은 그늘진 곳에서
훌륭한 실내 식물이 되어준다.
테이블이나 받침대 위에 두면 우아한 자태가
시선을 모을 것이다. 몇 가지를 모아 배치하면
푸르게 우거진 숲속 효과를 낼 수도 있다.
고사리는 꽃이 피지 않고 씨앗도 맺지 않는다.
대신 잎 밑면에 달린 '포자낭'이라는 작은 갈색
주머니 속에 있는 포자로 번식한다.

아디안툼 라디아눔
Adiantum raddianum AGM

온도 10~24℃
빛 반양지/반음지
습도 중간~높음
돌봄 아주 쉬움
키와 너비 50×80cm

어두운 빛깔의 줄기와 작고 둥근 이파리가
생기 넘치는 나무와 같은 모양으로 자라는
우아한 식물이다. 테이블이나 받침대 위에 두면
멋진 주인공이 된다. 습도가 높은 곳에서
잘 자라므로 테라리엄에서 키우기 좋다.

물주기 배양토를 항상 촉촉한 상태로 유지하되,
흠뻑 젖지는 않게 한다.
젖은 자갈이 깔린 받침 위에 두거나
매일 잎에 분무한다.

영양 공급 봄부터 가을까지
종합 액체 비료를 한 달에 한 번씩 준다.

심기와 돌보기 지름 15~20cm 화분에
다용도 배양토를 넣고 심는다.
직사광과 외풍이 없는 반음지에 둔다.
습도 높은 욕실이나 부엌에서 키우면 좋다.
2년마다 봄에 옮겨 심는다.
너무 텁수룩해지면 봄에 밑바닥부터
모든 가지를 잘라준다.
그러면 다시 건강하게 잘 자랄 것이다.

아스파라거스 덴시플로루스
Asparagus densiflorus

온도 13~24°C
빛 반양지/반음지
습도 낮음~중간
돌봄 쉬움
키와 너비 60×60cm

섬세한 외양과는 달리 키우기가 아주 쉽다.
행잉 바스켓이나 키 큰 화분에서 키우면
깃털 같은 잎이 폭포처럼 흘러넘치는
멋진 모습을 연출할 수 있다.
진짜 고사리는 아니지만 섬세하게 갈라진 잎의
생김새 때문에 고사리류의 하나로 팔린다.

물주기 봄부터 가을까지 배양토를 촉촉하게
유지하고, 겨울에는 배양토 표면이 말랐을 때에
물을 준다. 진짜 고사리보다는 건조한 환경을
잘 견디지만 때때로 잎에 분무해주면
건강하게 자랄 수 있다.

영양 공급 봄부터 가을까지 2배 희석한
종합 액체 비료를 한 달에 한 번씩 준다.

심기와 돌보기 지름 10~15cm의 소형 또는
중형 화분에 흙 배양토를 넣고 심는다.
밝은 반양지 또는 반음지에 둔다.
봄에 갈색으로 변했거나 웃자란 줄기를
잘라준다. 뿌리가 엉기면
한 단계 큰 화분에 옮겨 심는다.

둥지파초일엽
Asplenium nidus AGM

온도 13~24°C
빛 반양지/반음지
습도 중간~높음
돌봄 아주 쉬움
키와 너비 60×40cm까지

일반적인 고사리들과 달리
잎이 띠처럼 생겼으며, 갈라지지도 않았다.
밝은 초록색의 멋진 이파리는
아담한 화병 모양을 하고 있다.
'파초일엽' 종류는 잎 가장자리가
구불구불한 물결무늬를 띠는 것이 특징인데
마치 플라멩코 스커트의 주름 같다.

물주기 배양토를 항상 촉촉하게 유지하되,
잎들이 모여 있는 중앙 우묵한 곳에
물이 들어가면 썩을 수 있으니 주의한다.
1~2일에 한 번씩 빗물이나 증류수를
분무하거나, 젖은 자갈이 깔린 받침 위에 둔다.

영양 공급 봄부터 초가을까지
2배 희석한 종합 액체 비료를
2주에 한 번씩 준다.

심기와 돌보기 지름 15~20cm 화분에 숯,
흙 배양토, 다용도 배양토를 1:1:1로 섞어 넣고
심는다. 직사광과 외풍이 없는 곳에 두는데,
욕실을 추천한다. 성장하는 중이면
2년마다 봄에 옮겨 심는다.

후마타고사리
Humata tyermanii

온도 13~24℃
빛 반음지
습도 중간~높음
돌봄 아주 쉬움
키와 너비 30×50cm

길고 부드러운 털로 덮인 뿌리줄기가
화분 주위를 감싸고 있는 모습이 눈길을 잡아끈다.
생김새 때문에 영어로는
'거미 고사리'라고 불린다.
고케다마(76~79쪽 참조)로 만들어 길러도 좋다.
풍부한 초록색의 레이스 모양 잎이
매력을 더한다.

물주기 봄부터 가을까지 배양토를
촉촉하게 유지하며, 겨울에는 배양토 표면이
말랐을 때 물을 준다. 정기적으로 분무하거나,
젖은 자갈이 깔린 받침 위에 둔다.

영양 공급 봄부터 초가을까지
2배 희석한 종합 액체 비료를
2주에 한 번씩 준다.

심기와 돌보기 지름 15~20cm 화분이나
행잉 바스켓에 다용도 배양토와
철쭉 배양토를 1:1로 섞어 넣고 심는다.
이때 털로 덮인 뿌리줄기는 묻지 말고
노출시킨다. 여름에는 욕실처럼
습도가 높고 서늘한 반음지에 둔다.
뿌리가 엉기면 봄에 옮겨 심는다.

크로커다일고사리
Microsorum musifolium 'Crocodyllus'

온도 13~24℃
빛 반음지
습도 중간
돌봄 아주 쉬움
키와 너비 60×60cm

잎의 무늬가 악어가죽과 흡사한데,
행잉 바스켓을 이용해 눈높이에 매달아두는
것이 감탄을 자아내는 이상적인 배치
방법이다. 조형미가 뛰어나며,
높은 습도를 좋아하므로 잎을 널찍이
뻗을 공간이 있는 부엌이나 욕실에 두면 잘 자란다.

물주기 봄부터 초가을까지는
배양토 표면이 거의 말랐을 때에 물을 주고,
겨울에는 완전히 마르면 준다.
젖은 자갈이 깔린 받침 위에 두고,
봄과 여름에는 며칠에 한 번씩 분무한다.

영양 공급 봄부터 초가을까지
2배 희석한 종합 액체 비료를
한 달에 한 번씩 준다.

심기와 돌보기 지름 15~20cm 화분에
흙 배양토와 다용도 배양토를 1:1로 섞어 넣고
심는다. 직사광을 피해 반음지에 두며,
겨울에는 창문 가까운 곳으로 옮겨준다.
2년마다 한 번 또는 뿌리가 엉기면
옮겨 심는다.

보스턴고사리
Nephrolepis exaltata AGM

온도 12~24℃
빛 반양지/반음지
습도 중간
돌봄 아주 쉬움
키와 너비 60×60cm

섬세하게 갈라진 녹색 잎이 아치형으로
뻗어 나오는 생김새 덕분에 인기가 높다.
화분 받침대 위나 행잉 바스켓에 두면
꽃이 핀 것 같은 장관을 이룬다.
돌보기가 상대적으로 쉬운데,
잎이 갈색으로 변하지 않도록 습도 유지만
잘 해주면 된다.

물주기 봄부터 가을까지
배양토를 촉촉하게 유지하되 흠뻑 젖게
하지는 않는다. 양치류는 질척거리는 흙에서는
썩을 수 있다. 겨울에는 배양토 표면이
말랐을 때에 물을 준다. 정기적으로 분무하거나
젖은 자갈이 깔린 받침 위에 둔다.

영양 공급 봄부터 초가을까지
2배 희석한 종합 액체 비료를
한 달에 한 번씩 준다.

심기와 돌보기 지름 12.5~15cm 화분에
다용도 배양토와 흙 배양토를 1:1로 섞어 넣고
심는다. 직사광을 피해 반양지나
부분적으로 그늘진 곳에 둔다.
환기가 잘되는 욕실이 이상적이다.
뿌리가 엉기면 2~3년마다 한 단계 더 큰
화분에 옮겨 심는다.

단추고사리
Pellaea rotundifolia AGM

온도 5~24℃
빛 반양지/반음지
습도 중간
돌봄 쉬움
키와 너비 30×30cm

줄기는 우아한 아치를 그리며 뻗어나가고
잎은 작은 단추 모양을 하고 있다.
관엽식물들의 디스플레이에 어우러지면
밝고 활기찬 느낌을 더해준다.
작은 행잉 바스켓과 멋지게 어울리며,
키 크고 그늘을 좋아하는 식물이 있는
큰 화분의 가장자리에 심는 것도 좋다.
섬세하게 생겼지만 사촌뻘 되는 다른 고사리들보다
돌보기가 무척 쉬워서, 배양토가 말라 있거나
습도가 낮은 환경에서도 잘 견딘다.

물주기 봄부터 가을까지 배양토 겉면이
거의 말랐다 싶을 때 물을 주고,
겨울에는 양을 조금 줄인다.
젖은 자갈이 깔린 받침 위에 두거나
며칠에 한 번씩 잎에 분무한다.

영양 공급 2배 희석한 종합 액체 비료를
한 달에 한 번씩 일 년 내내 준다.

심기와 돌보기 지름 15cm 또는
뿌리 뭉치 크기에 맞는 화분을 준비하고,
철쭉 배양토와 배수를 위한
펄라이트 한 움큼을 넣고 심는다.
직사광을 피해 반양지 또는 약간 그늘진 곳에
둔다. 외풍에 강하며, 겨울에도 얼지 않는 한
낮은 기온에서 잘 견딘다.
1~2년마다, 또는 뿌리가 엉겼을 때
새 배양토에 옮겨 심는다.

박쥐란
Platycerium bifurcatum AGM

온도 10~24℃
빛 반양지
습도 높음
돌봄 어려움
키와 너비 30×90cm

영어로 '사슴 뿔 고사리'라고 하는데,
사슴 뿔 모양의 잎을 보면 그냥 지나쳐버리기
어려울 것이다. 기르기 까다로운데도 인기가 높다.
두 가지 형태의 잎이 자라는데,
먼저 아래쪽으로는 둥글고 평평한 초록색 잎이 난다.
시간이 지남에 따라 갈색으로 변하는데
걱정할 것은 없다. 사슴 뿔 모양의 큰 잎은
이 작은 잎들로부터 자라난다.

물주기 봄부터 가을까지는
배양토를 촉촉하게 유지한다.
둥근 잎들이 배양토를 덮을 정도가 되면
물이 담긴 쟁반 위에 화분을 15분 정도 두는데,
물을 지나치게 머금으면 썩을 수 있으니
주의한다. 겨울에는 배양토 표면이 말랐을 때에
준다. 매일 아침 잎에 분무하고,
젖은 자갈이 깔린 받침 위에 두거나
가습기를 사용한다.

영양 공급 봄부터 초가을까지
종합 액체 비료를 한 달에 한 번씩 준다.

심기와 돌보기 지름 12.5~15cm의
중형 화분 또는 바구니에
난초 배양토를 넣고 어린 식물을
심는다. 욕실처럼 직사광은
들지 않고 습도가 높은 곳에
둔다. 2~3년마다
봄에 옮겨 심는다.

큰봉의꼬리
Pteris cretica AGM

온도 13~24℃
빛 반양지/반음지
습도 중간
돌봄 아주 쉬움
키와 너비 60×60cm

앙증맞은 생김새 자체만으로도 훌륭한
디스플레이가 되어 많은 사랑을 받고 있다.
철사 같은 줄기 끝에 가느다란
손가락 모양의 잎을 달고 있는데
더 뻗어나갈 것만 같다. 초록색 민무늬 품종과,
잎 한가운데 흰 줄무늬가 있는 품종 가운데
선택할 수 있다.

물주기 봄부터 가을까지는
배양토를 촉촉하게 유지하되 과습을 주의한다.
겨울에는 배양토 표면이 말랐을 때에 준다.
1~2일마다 잎에 분무한다.

영양 공급 봄부터 초가을까지
2배 희석한 종합 액체 비료를
한 달에 한 번씩 준다.

심기와 돌보기 지름 12.5~15cm 화분에
흙 배양토, 다용도 배양토, 숯을 2:1:1의 비율로
섞어 넣고 심는다. 직사광을 피해 그늘지고
습도가 높은 곳, 예컨대 욕실 같은 곳에 둔다.
갈변했거나 시들어버린 잎들은 잘라낸다.
2년마다 봄에 옮겨 심는다.

야자

우아한 야자나무 또는 그와 닮은 식물들을 들여
집 안을 열대 천국으로 바꾸어보자.
온실이나 밝은 실내에 장식하면 야자나무가
처음으로 대중화되었던 유럽의 벨에포크 시대
응접실로 변신한다. 키가 크고 잎이 무성한
이들 야자는 대체로 돌보기 쉽지만,
초보 가드너라면 구입 전에 혹시 까다로운
품종은 아닌지 확인이 필요하다. 잘 돌보기만
한다면 생명이 길고 아름다움이 오래 지속된다.

덕구리란
Beaucarnea recurvata AGM

온도 5~26°C
빛 양지/반양지
습도 낮음
돌봄 쉬움
키와 너비 2×1m까지

멕시코 원산으로 머리카락을 풀어헤친 듯한 잎,
독특한 질감의 줄기, 크게 부풀어 오른 밑동이 눈길을
잡아끈다. 공식적으로는 야자과가 아니라
용설란과에 속하지만, 겉모습 때문에 야자로
분류되는 경우가 많다.

물주기 여름에는 일주일에 한 번 정도
배양토 표면이 말랐을 때 준다.
불룩한 밑동에 물이 저장되어 있어서
가끔 물주기를 잊어도 생명을 유지할 수 있다.
겨울에는 배양토를 거의 마른 상태로 유지한다.

영양 공급 봄과 여름에
2배 희석한 종합 액체 비료를
한 달에 한 번씩 준다.

심기와 돌보기 지름 25~30cm의 대형 화분에
흙 배양토와 고운 모래를 3:1로 섞어 넣고 심는다.
밝은 곳에 두고, 봄마다 배양토 윗부분을
갈아준다. 느리게 자라는 식물이므로
2~3년마다 한 단계 큰 화분에 옮겨 심는다.

공작야자
Caryota mitis

온도 13~24℃
빛 반양지
습도 중간~높음
돌봄 아주 쉬움
키와 너비 2.5×1.5m까지
주의! 모든 부위에 독성이 있다.

삼각형의 독특한 잎 때문에
흥미를 불러일으키는 식물이다.
생선 꼬리를 닮은 톱니 달린 잎들은
찢기거나 물어뜯긴 것처럼 보인다.
반면에 줄기는 우아하게 뻗어 있다.

물주기 봄부터 가을까지 배양토 표면이
말랐을 때에 물을 주고, 겨울에는 양을 줄인다.
젖은 자갈이 깔린 받침 위에 두고
1~2일에 한 번씩 분무한다.

영양 공급 봄부터 가을까지
종합 액체 비료를 한 달에 한 번씩 준다.

심기와 돌보기 비좁은 환경을 좋아하는
식물이므로, 뿌리 뭉치 크기에 딱 맞는 화분에
흙 배양토를 넣고 심는다. 반양지에 두며
여름의 직사광은 피한다. 성장 중이라면
2~3년마다 옮겨 심고, 다 자라면
해마다 봄에 배양토 윗부분을 갈아준다.

테이블야자
Chamaedorea elegans AGM

온도 10~27℃
빛 반음지
습도 낮음~중간
돌봄 쉬움
키와 너비 1.2×0.6m

깃털 같은 잎을 무성하게 단 가지를 우아하게 내뻗고
있어서 인기가 높다. 그늘에서 잘 자라고
낮은 습도도 잘 견디므로 키우기 쉽고,
공기 정화에도 효과가 있다.
다 자라면 때때로 작고 노란 꽃들이
무리 지어 피어난다.

물주기 여름에는 배양토 표면이 말랐을 때에
물을 준다. 겨울에는 양을 줄여
배양토를 거의 마른 상태로 유지한다.
정기적으로 잎에 분무한다.

영양 공급 봄부터 가을까지
종합 액체 비료를 한 달에 한 번씩 준다.

심기와 돌보기 지름 20~30cm의 대형 화분에
흙 배양토와 다용도 배양토를 1:1로 섞어 넣고
심는다. 반음지에 둔다.
너무 그늘진 곳은 싫어한다.
잎이 말라 죽는 것은 수시로 일어나는 현상이며,
갈변한 잎은 아랫부분에서 잘라준다.
뿌리가 엉기면 2~3년마다 옮겨 심는다.

소철
Cycas revoluta AGM

온도 13~24℃
빛 반양지
습도 중간
돌봄 쉬움
키와 너비 60×60cm
주의! 모든 부위에 독성이 있다.

야자가 아닌데도 영어 이름이
'사고야자'인 것은 도드라지는 질감의 줄기에
아치형 잎을 달고 있는 모습이 야자를 닮았기
때문이다. 사실 느리게 자라는 고대 식물의 하나인
소철과에 속하는데, 열대 해변에 두어도
어울리는 모습이다. 다룰 때 바늘처럼 생긴
날카로운 잎을 주의해야 한다.

물주기 봄부터 가을까지 배양토
표면이 마르면 물을 주고, 겨울에는
배양토가 거의 말라 있는 상태로
둔다. 물을 너무 많이 주거나,
잎이 뻗어 나오는 왕관처럼 생긴 부위에
물을 주면 썩을 수 있다.
여름에는 잎에 분무한다.

영양 공급 봄부터 가을까지
2배 희석한 종합 액체 비료를
한 달에 한 번씩 준다.

심기와 돌보기 지름 20~30cm 화분에
흙 배양토와 다용도 배양토를 1:1로 섞어 넣고
심는다. 빛이 잘 드는 곳에 두되
여름의 직사광은 피한다.
겨울에는 난방기 가까이 두지 않는다.
느리게 자라는 식물이므로 3년에 한 번
또는 뿌리가 엉겼을 때 옮겨 심는다.

아레카야자
Dypsis lutescens AGM

온도 13~24℃
빛 반양지
습도 중간
돌봄 아주 쉬움
키와 너비 2×1m

'나비야자'라고 부르기도 하며, 아치형의 넓고
윤기 나는 초록색 잎이 있다.
여름에 작고 노란 꽃들이 퍼지듯 피어난다.
재배하기 쉽고, 공기 정화에 최고로 꼽힌다.

물주기 봄부터 초가을까지
배양토 표면이 말랐을 때 물을 준다.
겨울에는 양을 줄여 배양토가
거의 말라 있는 상태로 유지한다.
1~2일마다 분무하거나,
젖은 자갈이 깔린 받침 위에 둔다.

영양 공급 봄부터 가을까지의 성장기에
종합 액체 비료를 2~3번 준다.

심기와 돌보기 지름 20~30cm 화분에
흙 배양토를 넣고 심는다. 반양지에 두고,
겨울에는 난방기 가까이 두지 않는다.
죽은 잎들은 아래쪽에서 잘라준다.
뿌리가 엉기면 3년마다 봄에 옮겨 심는다.

켄차야자
Howea forsteriana AGM

온도 13~24℃
빛 반음지
습도 중간
돌봄 아주 쉬움
키와 너비 3×2m까지

그늘진 실내에서 기르기 안성맞춤인 식물이다.
진녹색 줄기와 윤기 나는 잎이 우아하게 뻗어 나와
매력적인 모습을 뽐낸다.
돌보기가 상대적으로 쉬워서 초보자에게 추천한다.

물주기 봄부터 가을까지 배양토 표면이
살짝 말랐다 싶을 때 물을 준다.
겨울에는 양을 줄여 배양토에
습기가 있을 정도로만 준다.
젖은 자갈이 깔린 받침 위에 두거나
며칠에 한 번씩 분무해준다.

영양 공급 봄부터 초가을까지
종합 액체 비료를 2주에 한 번씩 준다.

심기와 돌보기 지름 20~30cm 화분에
흙 배양토와 고운 모래를 3:1로 섞어 넣고 심는다.
외풍이 없는 반음지에 두고 기른다.
매년 봄에 배양토 윗부분을 갈아준다.
뿌리가 엉겨 비좁아졌을 때만 옮겨 심는다.

피닉스야자
Phoenix roebelenii AGM

온도 10~24℃
빛 반양지/반음지
습도 중간
돌봄 아주 쉬움
키와 너비 1.8×1.5m

지중해 휴양지의 해변을 따라 늘어서 있는
고전적인 야자처럼 개성 있는 질감의 줄기와
세련되고 날렵한 잎이 멋진 우아함을 선사한다.
키도 크고 옆으로도 퍼져나가기 때문에
조각 같은 실루엣을 제대로 보여주려면
넓은 공간이 필요하다. 다 자라면 여름에
크림색 꽃이 피고, 열매는 먹을 수 있다.

물주기 봄부터 가을까지 배양토를 촉촉하게
유지하고, 겨울에는 배양토 표면이 말랐을 때
물을 준다. 젖은 자갈이 깔린 받침 위에 두고,
온화한 계절에는 정기적으로 잎에 분무한다.

영양 공급 봄부터 가을까지
종합 액체 비료를 한 달에 한 번씩 준다.

심기와 돌보기 뿌리 뭉치 크기에 딱 맞는 화분에
흙 배양토를 넣고 심는다. 외풍이 없는 반양지
또는 반음지에 둔다. 가능하면 겨울에는
서늘한 실내로 옮긴다. 매년 봄에
배양토 윗부분을 갈아준다.
뿌리가 엉겼으면 2~3년마다 옮겨 심는다.

관음죽
Rhapis excelsa AGM

온도 10~25℃
빛 반음지/음지
습도 낮음~중간
돌봄 쉬움
키와 너비 2×2m까지

차별화된 야자를 찾는다면 도전해볼 만하다.
대나무처럼 뻗은 줄기, 끝이 뭉툭하고
골이 진 커다란 잎이 눈길을 끌어서
넓은 실내나 복도에 잘 어울린다.
천천히 자라며 빛이 약한 곳에서도
잘 견디기 때문에 초보자가 기르기에 알맞은
야자 중 하나이다. 작게 자라는 품종인
종려죽을 선택하는 것도 좋다.

물주기 봄부터 가을까지
배양토를 촉촉하게 유지하되
과습을 주의한다. 겨울에는 양을 줄여서
배양토 표면이 말랐을 때 준다.
여름에는 며칠에 한 번씩 분무한다.

영양 공급 봄부터 가을까지의 성장기에
종합 액체 비료를 2~3번 주거나,
초봄에 완효성 비료를 한 번 공급한다.

심기와 돌보기 뿌리 뭉치 크기에 딱 맞는
화분에 다용도 배양토와 펄라이트를
3:1로 섞어 넣고 심는다. 반음지에 두는데,
여름에는 짙은 그늘에서도 잘 견디지만
겨울에는 창문 가까이로 옮겨주는 것이 좋다.
오래되어 갈색으로 변한 잎은
줄기 가까이에서 잘라준다.
뿌리가 엉겼을 때만 2~3년마다 옮겨 심는다.

덩굴식물

실내 벽을 꽃과 잎으로 덮었다면 머리 위의
공간은 덩굴식물을 사용하여
색채들을 불어넣어보라. 어떤 덩굴식물은
수태봉 위에서 아담하게 키울 수 있고,
어떤 것들은 격자형 스탠드를 휘감아 오르며
자라게 할 수도 있다. 행잉 바스켓을 이용하거나
선반 위에 얹어 아래로 흘러내리도록 키우는
방법도 있으므로 좁은 공간에서는
덩굴식물이야말로 최고의 선택이다.

립스틱플랜트
Aeschynanthus pulcher AGM

온도 18~27°C
빛 반양지
습도 중간
돌봄 아주 쉬움
키와 너비 20×70cm

다육질의 초록 잎이 흘러넘치는 모습은
일 년 내내 잎이 무성해 보이는 효과를 가져온다.
하지만 이 덩굴식물의 진면목을 볼 수 있는 것은
바로 여름, 빨간색 꽃이 필 때 시작된다.
꽃받침은 어두운 색의 케이스 같고,
꽃잎은 밝은 색 립스틱을 닮았다.

물주기 봄부터 가을까지
배양토 표면이 말랐다고 느껴질 때
미지근한 빗물이나 증류수를 준다.
겨울에는 약간 더 마른 상태를 유지한다.
1~2일에 한 번씩 분무한다.

영양 공급 봄과 여름에 2배 희석한
종합 액체 비료를 한 달에 한 번씩 준다.

심기와 돌보기 뿌리 뭉치 크기에 딱 맞는
용기에 흙 배양토, 모래, 펄라이트를 4:1:1로
섞어 넣고 심는다. 직사광을 피해 반양지에
걸어두고, 연중 따뜻하게 해준다.
뿌리가 단단하게 엉기면 봄에 옮겨 심는다.

부겐빌레아
Bougainvillea × buttiana

온도 10~26℃
빛 양지
습도 낮음
돌봄 아주 쉬움
키와 너비 1.5×1.5m까지
주의! 모든 부위에 반려동물에
해로운 독성이 있다.

작은 초록 잎과 화사한 꽃을 지닌 부겐빌레아의
덩굴은 휘감아 올라가며 빛이 잘 드는 실내의 벽을
덮어줄 것이다. 막대 또는 둥근 모양의 지지대를
이용해 아담한 크기를 유지하게 할 수도 있다.
종잇장 같은 꽃송이는 빨간색, 분홍색, 흰색의 포엽과
조그만 크림색 꽃으로 구성되어 있다.

물주기 봄부터 초가을까지는 배양토를 촉촉하게
유지한다. 겨울에는 양을 줄여 배양토에
습기가 느껴질 정도로만 준다.

영양 공급 봄부터 늦여름까지 종합 액체 비료를
2주에 한 번씩 준다. 세 번 중 한 번은
고농도 칼륨 비료로 바꾸어준다.

심기와 돌보기 뿌리 뭉치 크기에 딱 맞는 화분에
흙 배양토를 넣고 심는다. 양지 바른 곳에 두고,
줄기를 막대나 둥근 테, 벽에 고정된 철사 같은
데에 묶어준다. 가을에는 옆으로 삐져나온
가지를 잘라준다. 성장 중에는 2년에 한 번씩
옮겨 심고, 다 자란 뒤에는
봄마다 배양토 윗부분을 갈아준다.

러브체인
Ceropegia linearis subsp. *woodii*

온도 8~24℃
빛 양지/반양지
습도 중간
돌봄 쉬움
키와 너비 5×90cm

러브체인이라는 이름처럼, 실 같은 줄기에
작은 하트 모양 잎들이 매달려 화분 아래로
늘어져 있다. 잎의 윗면은 회녹색, 밑면은 보라색인데
이 멋진 잎들을 제대로 감상하려면
긴 줄기가 늘어질 수 있을 만큼 충분히 높은 곳에
배치하는 것이 좋다. 여름에 분홍과 보랏빛을 띤
작은 관 모양의 꽃이 피고, 그 끝에
바늘처럼 긴 꼬투리가 맺힌다.

물주기 배양토 표면이 말랐다고 느껴질 때에만
물을 준다. 겨울에는 양을 줄여서
배양토가 거의 말라 있도록 한다.

영양 공급 여름에 2배 희석한 종합 액체 비료를
2주에 한 번씩 준다.

심기와 돌보기 지름 10~20cm 화분에
선인장 배양토를 넣고 심는다.
바구니에 담아 매달거나 밝은 선반 위에 둔다.
빛이 너무 약하면 자기 색깔을 잃을 수도 있다.
뿌리가 엉겼을 때만 옮겨 심는다.

무늬접란
Chlorophytum comosum

온도 7~25℃
빛 반양지/반음지
습도 낮음
돌봄 쉬움
키와 너비 12×60cm

구하기 쉽고 기르기 쉽다고 해서
무시하고 지나치지 말 것.
화분에 심어 받침대 위에 올려두거나
행잉 바스켓에서 키우면, 넘쳐흐르는 듯
우아하게 피어나는 아치형의 초록과 노랑 잎들이
눈길을 사로잡는다. 긴 줄기 끝에는 마치
실을 잣는 거미처럼 어린 싹이 매달려 있어서
영어로는 '스파이더 플랜트'라고 부른다.

물주기 봄부터 가을까지
배양토를 촉촉하게 유지하고,
겨울에는 표면이 마르면 물을 준다.

영양 공급 봄의 중반부터 초가을 사이에
종합 액체 비료를 2~3주에 한 번씩 준다.

심기와 돌보기 뿌리 뭉치 크기에 맞는 화분에
다용도 배양토와 흙 배양토를 1:1로 섞어 넣고
심는다. 직사광이 없는 반양지 또는 반음지에
둔다. 어두운 곳에 두어도 잘 견디는 편이지만
어린 싹을 틔우지는 못한다. 뿌리가 엉기면
2~3년마다 봄에 옮겨 심는다.

멕시코담쟁이
Cissus rhombifolia AGM

온도 12~24℃
빛 반양지/반음지
습도 낮음
돌봄 쉬움
키와 너비 2×2m까지

윤기 도는 찢어진 잎 모양이 특징인 식물로
돌보기가 쉽다. 바구니에서 길게 뻗어 나오게
하거나, 격자 울타리를 기어올라 벽을 덮게
만들 수 있다. 어린 잎은 광택 있는 은빛을
띠는데 자랄수록 진녹색으로 변해
투톤 효과를 볼 수 있다.

물주기 봄부터 가을까지는 배양토를
촉촉하게 유지하고, 겨울에는 양을 줄여
배양토에 습기가 느껴질 정도로만 준다.

영양 공급 봄부터 가을까지
종합 액체 비료를 한 달에 한 번씩 준다.

심기와 돌보기 지름 15~20cm 화분에
흙 배양토를 넣고 심는다. 기어오르는 형태로
키우고 싶다면 정기적으로 새순을 지지대에
묶어준다. 봄에 웃자란 줄기를 잘라준다.
2~3년마다 또는 뿌리가 엉겼을 때 옮겨 심는다.
다 자란 뒤에는 봄마다 배양토 윗부분을
갈아준다.

스킨답서스
Epipremnum aureum AGM

온도 12~24℃
빛 반양지/반음지/음지
습도 낮음
돌봄 쉬움
키와 너비 2×2m까지
주의! 모든 부위에 독성이 있다.

초보자가 기르기 매우 적합한 실내 식물 가운데
하나이다. 큰 하트 모양의 잎이 달린 덩굴줄기가
쑥쑥 자라서 열대우림의 분위기를 연출한다.
행잉 바스켓에서 키우거나 화분에 담아
키 큰 받침대 위에 둔다. 실내 어느 곳에 두어도
좋지만, 햇빛이 많이 드는 곳은 피한다.

물주기 봄부터 가을까지는 배양토 표면이 마르면
물을 주고, 겨울에는 습기가 느껴질 정도로만
유지한다.

영양 공급 봄부터 가을까지 종합 액체 비료를
한 달에 한 번씩 준다.

심기와 돌보기 뿌리 뭉치 크기에 맞는 화분에
흙 배양토를 넣고 심는다. 밝은 곳이나
약간 밝은 곳에 두며, 직사광은 피한다.
기어오르는 형태로 만들려면 수태봉, 격자 울타리,
철사 등에 줄기를 묶어준다.
봄에 가지치기를 하고 2년마다 옮겨 심는다.
다 자란 뒤에는 봄마다 배양토 윗부분을 갈아준다.

푸밀라고무나무
Ficus pumila 'Snowflake'

온도 13~24°C
빛 반양지/반음지
습도 낮음
돌봄 아주 쉬움
키와 너비 90×90cm까지
주의! 모든 부위에 반려동물에
해로운 독성이 있다.

이 귀여운 덩굴식물을 이용하는 좋은 방법 중 하나는
행잉 바스켓을 꾸미는 것이다. 또 다른 방법은 꽃이나
큰 잎이 달린 식물 화분의 가장자리에 심어 덩굴이
뻗어 나오게 만드는 것이다. 가장자리가 크림색으로
둘러싸인 작고 둥근 잎들이 질감 있는 장막을 만들며
격자 울타리를 기어오르게 할 수도 있다.
돌보기 매우 쉽지만, 규칙적으로 물을 주지 않고
건조한 상태로 두면 잎이 금세 말라버린다.

물주기 배양토를 항상 촉촉하게 유지하는데,
겨울에는 조금 더 말라 있게 둔다.
더운 여름날에는 1~2일에 한 번씩 분무한다.

영양 공급 봄과 여름에
종합 액체 비료를 한 달에 한 번씩 준다.

심기와 돌보기 지름 10~20cm 화분에
흙 배양토를 넣고 심는다. 반양지 또는 반음지에
둔다. 줄기만 길쭉하게 자란다면 과감하게 잘라서
새 잎이 자라는 것을 촉진한다. 2년마다 봄에
옮겨 심는다.

호야
Hoya species

온도 16~24°C
빛 반양지
습도 보통
돌봄 아주 쉬움
키와 너비 4×4m
주의! 유백색 수액에 독성이 있다.

여름이 되면 윤기가 도는 하얀 꽃이
달콤한 향을 풍기며 아름답게 피어난다.
벽을 잎이 무성한 기다란 줄기로 덮고 싶다면
호야 카르노사를, 좁은 공간이라면
그보다 작은 크기의 호야 란세오라타(위 사진)를
선택한다.

물주기 봄부터 가을까지 배양토를 촉촉하게
유지하고, 겨울에는 표면이 말랐을 때
물을 준다. 봉오리가 맺혔거나 꽃이 폈을 때를
제외하고는 젖은 자갈이 깔린 받침 위에 두거나,
정기적으로 분무한다.

영양 공급 봄부터 가을까지 2배 희석한
고농도 칼륨 비료를 2주에 한 번씩 준다.

심기와 돌보기 뿌리 뭉치 크기에 맞는 화분에
난초 배양토, 다용도 배양토, 펄라이트를 같은
비율로 섞어 넣고 심는다.
가을에 가볍게 가지치기를 하되
꽃줄기는 자르지 않는다. 이 부분에서 더 많은
꽃들이 피어나기 때문이다.
뿌리가 엉기면 봄에 옮겨 심는다.

학자스민
Jasminum polyanthum AGM

온도 10~24°C
빛 반양지
습도 낮음
돌봄 아주 쉬움
키와 너비 3×3m까지

한겨울에 꽃이 피면 복도 등 서늘한 실내를
달콤한 향으로 가득 채울 것이다.
봉오리일 때는 분홍색을 띠며, 꽃이 피면
진녹색 잎들 사이로 몇 주 동안 모습을 보여준다.
어릴 때 지지대를 타고 오르게 만들어주면
크게 자랄 것이다. 철사나 격자 울타리와 같은
뻗어나갈 공간이 없으면
줄기들이 금세 엉켜버린다.

물주기 봄부터 여름까지 배양토를
촉촉하게 유지하고, 겨울에는 양을 조금 줄인다.
봉오리가 맺히고 꽃이 피어 있는 상태에서는
항상 젖어 있는 상태가 되도록 유의한다.

영양 공급 봄부터 가을까지 종합 액체 비료를
2주에 한 번씩 준다.

심기와 돌보기 뿌리 뭉치 크기에 딱 맞는
화분에 펄라이트를 몇 움큼 섞은
흙 배양토를 넣고 심는다. 실내 난방을 싫어하므로
서늘하게 해준다. 꽃이 지면 가지치기를 하는데,
아담한 크기로 키우고 싶으면 과감하게 한다.
성장 중에만 옮겨 심으며,
다 자란 뒤에는 봄마다 배양토 윗부분을
갈아주기만 한다.

만데빌라 아모네아
Mandevilla × amoena 'Alice du Pont' AGM

온도 15~24℃
빛 반양지
습도 중간
돌봄 어려움
키와 너비 7×7m까지

분홍색의 커다란 열대 꽃에 매혹되기 쉽다.
하지만 이 덩굴식물이 잘 자라려면
넓은 공간이 필요하며 일반적인
실내 공간에서는 풀 죽어 있기
쉽다는 점을 유념해야 한다.
온실의 벽 또는 천창이 있는
실내에서 기르면 그 자태를 한껏 뽐낸다.

물주기 봄부터 가을까지 배양토를
촉촉하게 유지하고, 겨울에는 양을 줄여
습기가 느껴질 정도로만 준다.
여름에는 매일 잎에 분무한다.

영양 공급 봄에 종합 액체 비료를
한 달에 한 번씩 주고,
여름에는 고농도 칼륨 비료로 바꾸어 준다.

심기와 돌보기 지름 25~30cm의
대형 화분에 흙 배양토와 마사토를 3:1로 섞어
넣고 심는다. 밝은 곳에 두되 여름의 직사광은
피한다. 봄에 튼튼한 새순 3~5개를 남기고
가지치기를 한다. 새순이 하나밖에 없을 때는
3분의 1로 잘라 더 많은 새순이 생겨나도록
촉진한다. 분갈이보다는 해마다 봄에
배양토 윗부분을 갈아주는 것이 좋다.

몬스테라
Monstera deliciosa AGM

온도 18~27℃
빛 반양지/반음지
습도 중간
돌봄 쉬움
키와 너비 8×2.5m까지
주의! 모든 부위에 독성이 있다.

이 고전적인 덩굴식물은 1970년대에
대중화되었다. 잎은 하트 모양에
윤기가 도는데,
찢어지고 구멍이 뚫려 있어
영어로는 '스위스 치즈 플랜트'라는
이름을 얻었다. 키우기 쉬우며,
수태봉을 타고 오르게
만들 수도 있다.

물주기 배양토 표면이
말랐다 싶으면 물을 주고,
겨울에는 양을 조금 줄인다.
며칠에 한 번씩 분무하거나,
젖은 자갈이 깔린 받침 위에 놓는다.

영양 공급 봄부터 가을까지
2배 희석한 종합 액체 비료를
한 달에 한 번씩 준다.

심기와 돌보기 지름 20~30cm 화분에
흙 배양토와 모래를 3:1로 섞어 넣고 심는다.
반양지나 반음지에 두는데,
그늘진 곳에서는 잎에 구멍이 생기지 않는다.
봄에 가지치기를 하고,
정기적으로 잎의 먼지를 닦아준다.
2~3년마다 분갈이를 하거나,
해마다 봄에 배양토 윗부분을 갈아준다.

시계꽃
Passiflora racemosa AGM

온도 12~24℃
빛 반양지
습도 중간
돌봄 어려움
키와 너비 3×1m까지

시계꽃 가운데 가장 널리 알려진 것은
파란색 종(*Passiflora caerulea*)으로,
강인하여 온화한 지역에서는 야외에서도 쉽게 자란다.
반면 붉은색 종은 흔치 않으며 약한 편이다.
여름에 화려한 꽃을 피워 온실이나 천창이 있는
밝은 실내에 열대 분위기를 연출한다.
먹을 수 있는 연녹색 열매를 맺는다.

물주기 봄부터 가을까지 배양토를 촉촉하게
유지하고, 겨울에는 표면이 말랐다고 느껴질 때만
물을 준다. 여름에는 매일 분무하거나
젖은 자갈이 깔린 받침 위에 둔다.

영양 공급 봄의 중반부터 늦여름까지
종합 액체 비료를 2주에 한 번씩 준다.

심기와 돌보기 지름 20~30cm 화분에
흙 배양토를 넣고 심는다.
반양지에 두고 초봄에 가지치기를 한다.
성장 중이면 봄에 분갈이를 하고,
다 자란 뒤에는 해마다 배양토 윗부분만
갈아준다.

필로덴드론
Philodendron scandens AGM

온도 16~24℃
빛 반양지/반음지
습도 낮음~중간
돌봄 쉬움
키와 너비 1.5×1.5m까지
주의! 모든 부위에 독성이 있다.

하트 모양의 잎은 길이가 20cm까지 자라는데,
순식간에 벽을 뒤덮고 거실을 정글로
바꾸놓을 수 있다. 돌보기가 쉬우며
빛이 약해도 잘 자란다. 좁은 공간이라면
수태봉을 이용해 아담하게 자라도록 할 수도 있다.

물주기 봄부터 가을까지 배양토를
촉촉하게 유지하고, 겨울에는 표면이 말랐다고
느껴질 때만 준다. 봄과 여름에는
며칠에 한 번씩 잎에 분무한다.

영양 공급 봄부터 초가을까지
종합 액체 비료를 한 달에 한 번씩 준다.

심기와 돌보기 지름 20~30cm 화분에
흙 배양토와 모래 또는 펄라이트를 2:1로
섞어 넣고 심는다. 어린 식물이라면
행잉 바스켓에서 줄기를 늘어뜨리게 하여
키울 수 있다. 점점 크게 자라면 수태봉, 격자
울타리, 벽에 수평으로 설치한 철사 등을 활용해
줄기를 묶어준다. 반양지 또는 반음지에 두는데,
어두운 곳에서도 견딜 수는 있지만
무성하게 자라지는 못한다.
정기적으로 잎의 먼지를 닦아준다.
늦겨울에 가지치기를 하고 봄에 옮겨 심거나,
해마다 배양토 윗부분을
갈아준다.

무늬왁스아이비
Senecio macroglossus 'Variegatus' AGM

온도 10~25℃
빛 양지/여름은 반양지
습도 낮음
돌봄 쉬움
키와 너비 1.5×1.5m까지
주의! 모든 부위에 독성이 있다

겉보기에는 보통의 아이비와 비슷하지만
윤기가 흐르고 살집이 있으며,
짙은 색 덩굴줄기에 초록과 노랑의 잎이
달려 있어 좀 더 품위가 느껴지는 품종이다.
바구니에서 뻗어나가게 만들거나,
둥근 테 또는 삼각 지지대, 격자 울타리 위로
자라게 한다.

물주기 봄부터 늦여름까지
배양토 표면이 마르면 물을 준다.
가을과 겨울에는 배양토에 습기가
느껴질 정도로만 유지한다.

영양 공급 봄부터 가을까지
2배 희석한 종합 액체 비료를 준다.

심기와 돌보기 지름 15cm 화분에 선인장
배양토를 넣거나, 흙 배양토와 고운 모래를
3:1로 섞어 넣고 심는다. 양지바른 곳에 두되,
한여름에는 반양지로 옮긴다. 봄에 새순이
너무 길게 자라면 끝을 잘라준다.
정기적으로 줄기를 지지대에 묶어준다.
2~3년에 한 번 또는 뿌리가 엉기면 옮겨 심는다.

녹영
Senecio rowleyanus

온도 10~25℃
빛 양지/여름은 반양지
습도 낮음
돌봄 쉬움
키와 너비 5×90cm
주의! 모든 부위에 독성이 있다

완두콩을 닮은 작은 잎이 가느다란 줄기에 달려
화분에서 흘러넘치는 모습은 마치 줄에
초록색 진주를 꿰어놓은 것 같아 호기심을 자극한다.
초보자들에게 적합한 식물인데,
통통한 '구슬들'이 물기를 머금고 있어서
한동안 내버려두어도 무사하기 때문이다.
봄에는 작고 하얀 관 모양의 꽃이 피어난다.

물주기 봄부터 가을까지 배양토 표면이 마르면
물을 준다. 겨울에는 구슬들이 쪼글쪼글해지지
않을 정도로만 준다.

영양 공급 봄부터 가을까지
2배 희석한 종합 액체 비료를 준다.

심기와 돌보기 지름 10~15cm 화분에
선인장 배양토를 넣거나, 흙 배양토와 고운 모래를
3:1로 섞어 넣고 심는다. 여름에는 반양지에 두고,
겨울에는 좀 더 서늘하고 밝은 곳에 둔다.
봄에 가지치기를 하고, 2~3년마다 옮겨 심는다.

솔레이롤리아
Soleirolia soleirolii

온도 -5~24℃
빛 반양지/반음지
습도 중간
돌봄 쉬움
키와 너비 5×90cm

영어명으로 '아기 눈물'이라고 부른다.
철사 모양의 줄기에 작은 잎들이 한가득 달리는데,
곱슬곱슬한 머리카락 뭉치가 화분에서
섬세하게 뻗어 나온 것 같다. 키가 똑같은 화분
세 개를 나란히 두고 흘러넘치는 모습을 연출하는
최근의 식물 디스플레이 유행에 잘 어울린다.
다른 식물들과 함께 심을 때 주의해야 하는데,
아주 빨리 자라기 때문에 정기적으로 다듬지 않으면
다른 식물의 자리를 넘볼 수 있다.
여름에 작은 연분홍색 꽃이 핀다.

물주기 봄부터 가을까지 배양토를 촉촉하게
유지하고, 겨울에는 약간 더 마른 상태로 둔다.
완전히 말라버리게 놔두면 잎이 시들어 죽으니
며칠에 한 번씩 분무한다.

영양 공급 봄부터 가을까지 2배 희석한
종합 액체 비료를 한 달에 한 번씩 준다.

심기와 돌보기 지름 10~20cm 화분에
흙 배양토와 마사토를 3:1의 비율로 섞어 넣고
심는다. 반양지나 반음지에 두며,
직사광은 피한다. 줄기 끝을 잘라주면
무성하게 자랄 수 있다. 1~2년마다 옮겨 심는다.

마다가스카르자스민
Stephanotis floribunda AGM

온도 10~23°C
빛 반양지
습도 중간
돌봄 아주 쉬움
키와 너비 3×3m까지

휘감으며 길게 뻗는 줄기로부터 광택이 있는
녹색 잎과, 오래도록 피는 향긋하고 윤기 나는
흰 꽃이 핀다. 여름이 되면 장관을 연출한다.
큰 화분에서 잘 돌보면 설치된 철사줄을 따라
벽을 덮게 할 수도 있고, 혹은 커다란 둥근 테나
격자 울타리를 따라 뻗게 할 수도 있다.
아담하게 키우고 싶다면 정기적으로
가지치기를 한다.

물주기 봄부터 가을까지는 배양토를
촉촉하게 유지하고, 겨울에는 표면이 마르면 준다.
여름에는 젖은 자갈이 깔린 받침 위에 두고,
1~2일에 한 번씩 잎에 분무한다.

영양 공급 봄부터 가을까지
고농도 칼륨 액체 비료를 2주에 한 번씩 준다.

심기와 돌보기 뿌리 뭉치 크기에 맞는 화분에
흙 배양토를 넣고 키운다.
밝은 반양지에 두고 직사광은 피한다.
여름에는 21~23°C 정도로 시원한 곳이 좋고,
겨울에는 그보다 서늘하지만
춥지는 않은 곳에 둔다. 봄에 가볍게
가지치기를 한다. 2~3년마다 옮겨 심거나,
해마다 봄에 배양토 윗부분을 갈아준다.

얼룩자주달개비
Tradescantia zebrina AGM

온도 12~24°C
빛 반양지
습도 낮음~보통
돌봄 쉬움
키와 너비 15×60cm까지

밝은 실내에서 행잉 바스켓에 두거나,
화분에 담아 선반 위에 두면 얼룩자주달개비의
부드럽게 뻗는 줄기가 더 빛을 발한다.
통통한 잎은 어려서는 보라색이었다가 자라면서
은색과 초록색 줄무늬로 변하는데,
밑면은 다 자라서도 보라색으로 남는다.
그래서 다채로운 세 가지 색조 효과가 난다.
연보라색 작은 꽃이 연중 핀다.

물주기 봄부터 가을까지 배양토 표면이
거의 말랐을 때 물을 주고,
겨울에는 양을 줄여 습기가 느껴질 정도로만
유지한다. 봄과 여름에는 며칠에 한 번씩
잎에 분무한다.

영양 공급 봄부터 초가을까지
종합 액체 비료를 한 달에 한 번씩 준다.

심기와 돌보기 지름 15~20cm 화분에
흙 배양토와 고운 모래 또는 펄라이트를
3:1로 섞어 넣고 키운다.
여름에는 직사광이 들지 않는
반양지의 밝은 곳에 둔다. 무성하게 자랄 수
있도록 봄에 가지 끝을 자른다.
2~3년마다 또는 뿌리가 엉겼을 때 옮겨 심는다.

식충식물

이 매혹적인 식물들은 무척 흥미로운
실내 식물이 될 수 있다. 이들은 곤충이나
작은 생명체들을 포획하여 잡아먹는
화려한 벌레잡이잎이나, 끈적끈적한 잎과
줄기가 발달했다. 이를 통해 필수 영양분을
공급받는다. 대부분이 성장을 위해 저습한 흙을
필요로 하며, 어떤 것들은 특별한 보살핌을
제공해야 할 수도 있다. 그러므로 우선
그 조건을 갖추어줄 수 있는지 점검해본다.

코브라릴리
Darlingtonia californica AGM

온도 -5~26°C
빛 양지
습도 중간
돌봄 어려움
키와 너비 40×20cm

이 독특한 식물의 겉모습은 두건을 쓴 것 같기도
하고, 송곳니를 내보이는 뱀처럼 보이기도 한다.
뱀의 머리를 닮았다고 해서 코브라릴리라는
이름이 붙었다. 봄에 보라색 잎맥이 드러나는
꽃이 나오고, 뒤이어 빨간 잎맥이 보이는
물 단지 같은 포충낭이 나와 먹잇감을 유혹하는
벌꿀 향을 내뿜는다. 손이 많이 가는 식물이므로,
키우기 전에 필요한 조건을 확실히 제공해줄 수
있는지 확인하도록 한다.

물주기 빗물이나 증류수를 매일 주거나,
얕은 물이 담긴 받침 위에 둔다.

영양 공급 영양 공급을 하지 않는다.

심기와 돌보기 수태, 펄라이트,
원예용 모래를 같은 비율로 섞어 넣고 심는다.
화분용 배양토에서는 살지 못하니 주의한다.
여름에는 양지에 둔다.
겨울 휴면기에는 보호받을 수 있는 야외 또는
춥고 밝으며 난방이 안 되는 실내에 둔다.

자세히 관찰하면 포충낭에서 작은
벌레들을 발견할지도 모른다.
작은 벌레들은 식물 안에서
살면서 그곳으로 떨어지는 다른
먹잇감들을 먹는다.
그리고 포충낭은 그것들의
배설물을 먹는다.

케이프끈끈이주걱
Drosera capensis

온도 7~29℃
빛 양지/반양지
습도 중간
돌봄 쉬움
키와 너비 15×20cm

끈끈이주걱 가운데 키우기가 가장 쉽다.
길고 가느다란 잎은 끈끈한 점액이 나오는
화려한 촉수들로 뒤덮여 있고, 이것이 이슬이 맺힌
것처럼 보여서 영어명이 '이슬(dew)'이라는
단어가 들어간 '케이프 선듀(cape sundew)'이다.
잎은 곤충을 유인하여 함정에 빠뜨린 다음
휘감아 천천히 흡수한다. 늦봄이나 초여름에
분홍색 꽃이 피는데, 아침에 피었다가
오후에 지는 단 하루짜리 꽃이다.

물주기 빗물이나 증류수가 담긴 깊은 받침에
화분을 담가둔다. 자연의 본성대로라면
겨울에는 휴면하므로 물이 적게 필요하지만,
따뜻한 실내에서 키운다면 물이 담긴 받침에서
일 년 내내 자라게 할 수 있다.

영양 공급 별도의 영양을 공급하지 않는다.

심기와 돌보기 지름 10~15cm의 키 큰 화분에
수태와 펄라이트를 1:1로 섞어 넣고 심는다.
화분용 배양토에서는 살지 못하니 주의한다.
밝은 곳에 두고 벌레들이 날아들도록
규칙적으로 창문을 열어준다.
살아가려면 한 달에 곤충이 2~3마리는 필요하다.
죽은 잎은 제거해주고, 해마다 수태와
펄라이트를 새로 갈아준다.
꽃을 따주어서 자연 파종을 막는다.

파리지옥
Dionaea muscipula

온도 9~27℃
빛 양지
습도 중간
돌봄 아주 쉬움
키와 너비 10×20cm까지

물려고 덤비는 턱처럼 생긴 잎이
가까이 다가오는 날벌레들을 가둬버린다.
그러나 이 재주를 너무 자주 부리면
자신도 곧 죽고 만다. 두 종류의 잎이 달리는데,
봄의 잎은 더 넓고 식물의 중심부 가까이에
덫을 놓는다. 여름의 잎은 더 길며
붉은색이 감도는 덫을 중심부에서 멀리 놓는다.
봄에 관처럼 생긴 하얀 꽃이 핀다.

물주기 봄부터 늦여름까지 빗물이나
증류수가 담긴 깊은 받침에 화분을 담가둔다.
휴면기인 가을부터 늦겨울까지는
받침은 치워두고 중간 정도로
축축한 상태를 유지한다.

영양 공급 별도의 영양을 공급하지 않는다.

심기와 돌보기 지름 10~15cm 화분에
수태와 펄라이트를 1:1로 섞어 넣고 심는다.
화분용 배양토에서는 살지 못하니 주의한다.
양지바른 곳에 두고 벌레들이 날아들도록
규칙적으로 창문을 열어준다.
꽃을 따주어 식물이 약해지지 않도록 한다.
겨울은 휴면기로, 난방기를 피해서 둔다.
해마다 늦겨울이나 초봄에 옮겨 심는다.

네펜테스
Nepenthes hybrids

온도 13~25℃
빛 반양지
습도 중간~높음
돌봄 아주 쉬움
키와 너비 30×45cm까지

독특한 열대식물로 가느다란 줄기에서 나오는
검붉은 포충낭은 마치 별세계의 것처럼 생겼다.
창 모양의 초록색 잎의 끝에 매달린 포충낭이
색깔과 꿀로 곤충을 유인한다.
그러면 곤충은 그곳에 빠져 익사하고 만다.

물주기 물이 담긴 받침에 절대 두지 말고,
배양토를 촉촉하게 유지한다.
빗물이나 증류수를 위에서 뿌려준다.
매일 분무하거나 젖은 자갈이 깔린
받침 위에 둔다.

영양 공급 스프레이 형태의 혼합 잎 영양제를
2주에 한 번씩 잎에 분무해준다.
필요한 경우는 거의 없지만, 살아 있는 파리 같은
곤충을 줄 수도 있다.

심기와 돌보기 전문가로부터 네펜테스용 배양토
(잘게 부순 소나무 껍질, 수태, 펄라이트)를
공급받아 화분이나 행잉 바스켓에 넣고 심는다.
화분용 배양토에서는 살지 못하니 주의한다.
통풍이 잘되는 양지바른 곳에 두되 직사광은
피한다. 뿌리가 엉기면 2~3년마다 옮겨 심는다.

벌레잡이제비꽃
Pinguicula - Mexican hybrids

온도 18~29℃
빛 반양지
습도 중간
돌봄 쉬움
키와 너비 15×10cm

여름에 빨강, 분홍, 파랑의 작은 꽃이
여리여리하게 피어나는데 꽃이 이 식물의
끔찍한 비밀을 감춰준다.
라임색 또는 청동색의 로제타형 잎 위로
가냘픈 줄기가 솟아오르고 그 끝에 꽃이 핀다.
꽃은 끈적끈적한 점액으로 덮여 있으며
버섯파리와 같은 곤충을 포획한다.
잎에 있는 효소가 곤충을 소화시킨다.

물주기 빗물이나 증류수를 위쪽에서 부어
촉촉함을 유지한다. 보통 휴면기인 겨울에는
물의 양을 줄이는데, 배양토 표면이
말랐을 때에 물을 준다.

영양 공급 어느 집이나 곤충 몇 마리는 살고
있으므로 따로 영양을 공급할 필요는 없다.
벌레잡이제비꽃은 한 달에 곤충 2~3마리면
충분히 살아간다.

심기와 돌보기 지름 10~15cm 화분에
식충식물 배양토 또는 규사, 수태, 펄라이트를
3:1:1로 섞은 것을 넣고 심는다.
(화분용 배양토는 절대 사용하지 않는다.)
밝은 반양지에 두되 여름의 직사광은 피한다.
연중 언제든 휴면에 들어갈 수 있는데,
이때 작고 살진 잎이 난다.
휴면기에 옮겨 심는다.

온도 -5~25℃
빛 양지
습도 중간
돌봄 아주 쉬움
키와 너비 30×15cm까지

이 화려한 식충식물은 다양한 크기로 자란다.
버건디, 빨강, 분홍, 초록의 색조를 띤 포충낭을
만드는데 때때로 잎맥 모양이 드러난다.
곤충들은 포충낭 주위의 꿀물에 유혹되어
그곳으로 떨어지게 된다. 사라세니아의 몇몇 종류는
야외의 늪지대 같은 곳에서 잘 자란다.
한편 따뜻한 기후가 원산인 경우는
서늘하고 밝은 실내 또는 난방을 하지 않는
온실 같은 곳에서 매혹적인 실내 식물이 된다.
(이들에게는 서늘한 겨울이 필요하다.)
빨간색 또는 초록색 꽃이 여름에 피는데
축 늘어진 모양을 하고 있다.

사라세니아
Sarracenia species and hybrids

물주기 여름에는 빗물이나 증류수가
1~2cm 깊이로 담긴 받침 위에 화분을 둔다.
겨울에는 받침을 치우고
배양토에 습기가 느껴질 정도로만 유지한다.

영양 공급 비료를 줄 필요가 없다.
여름에 실외 또는 창가에 두면
수많은 곤충들이 먹이로 공급될 것이다.

심기와 돌보기 지름 10~15cm의 플라스틱
화분에 식충식물 배양토를 넣고 심는다.
(미세한 전나무 껍질, 석회질이 섞이지 않은
거친 마사토, 펄라이트를 2:1:1로 섞은 것을
쓸 수도 있다.) 화분용 배양토에서는 살지 못하니
주의한다. 휴면에 들어가는 늦가을부터
초봄까지는 서늘하고 밝은 10℃의 실내 또는
더 차가운 곳에 둔다. 2~3년마다 가을에 옮겨
심는다. 뿌리가 엉켜 있는 환경에서 잘 자라므로
큰 화분으로 옮기지는 않는다.

사라세니아 미트켈리아나

아름다운 교배종들 가운데 하나로
밝은 분홍색, 빨간색,
하얀색의 잎맥 무늬가 포충낭과
뚜껑 부분에 있다.
봄에 밝은 빨간색 꽃을 피운다.

앵무사라세니아

이 종류는 로제트형으로 자라는 장식적 잎맥 무늬가
있는 빨간색, 하얀색, 초록색의 수평 덮을 이용해
기어 다니는 곤충들을 포획한다.
짙은 색의 봄꽃은 다양한 색깔로 피어난다.

자주사라세니아

짙은 버건디색을 띠며 짧고 살진 포충낭을 갖고 있다.
봄에 짙은 빨간색 혹은 분홍색 꽃을 피운다.
아주 튼튼해서 정원이나 테라스 같은 야외에서도
잘 자란다.

노랑사라세니아

우아한 모습의 식충식물로 키가 크고 가느다란
황록색 포충낭을 가지고 있다.
그 뚜껑은 곧추선 모양을 하고 있고,
봄에 피는 노란 꽃은 고개를 끄덕이는 것 같다.

사라세니아 '주디스 힌들'

가느다란 포충낭이 무성하게 자라며 뚜껑 끝부분이
주름 장식으로 되어 있어 다른 교배종들과 뚜렷하게
구별된다. 어린 포충낭은 초록색인데 자라면서
짙은 빨간색으로 변하며, 대리석 무늬가 생긴다.
봄에 짙은 붉은색의 꽃이 핀다.

관엽식물

잎이 무성한 관엽식물은 포인트가 되게 활용할
수도 있고, 그룹으로 배치해 잔잔한 초록
오아시스를 연출할 수도 있다.
수수한 잎의 식물들을 배경으로 이용해
무늬가 복잡한 관엽식물을 돋보이게 할 수도 있고,
밝은 꽃을 추가하여 화려한 디스플레이를
만들 수도 있다. 가끔 예외는 있지만
대부분의 관엽식물은 돌보기가 쉽다.
그리고 직사광이 거의 없는 실내에서도
잘 자라는 편이다.

아글라오네마
Aglaonema commutatum

온도 16~25℃
빛 반음지/음지
습도 중간
돌봄 쉬움
키와 너비 45×45cm까지
주의! 모든 부위에 독성이 있다.

창 모양의 잎에 은색, 크림색, 또는
분홍색 무늬가 있는 우아한 식물이다.
따뜻하고 습도가 충분한 환경이라면
모든 종들이 돌보기가 쉽다. 식물의 에너지가
잎을 자라게 하는 데 쓰이도록 작은 꽃들은 따준다.

물주기 배양토를 촉촉하게 유지하되,
화분을 물에 담가두면 썩을 수 있으므로 피한다.
겨울에는 배양토 표면이 말랐을 때에 물을 준다.
일주일에 두 번씩 분무한다.

영양 공급 봄부터 가을까지 종합 액체 비료를
2주에 한 번씩 준다.

심기와 돌보기 지름 15~20cm 화분에
1~2움큼의 펄라이트를 섞은 흙 배양토를 넣고
심는다. 외풍이 들지 않는 반음지나
약간 어두운 그늘에 둔다.
3년마다 봄에 옮겨 심는다.

알로카시아 아마조니카
Alocasia × amazonica AGM

온도 18~25°C
빛 반양지/반음지
습도 높음
돌봄 어려움
키와 너비 1.2×1m까지
주의! 모든 부위에 독성이 있다.

크고 드라마틱한 잎을 지니고 있어서
다른 식물들과 분명히 구별되며
애호가들로부터 열렬한 환호를 받고 있다.
잎은 화살 모양인데, 윗면은 진녹색이고
밑면은 보라색을 띤다. 은색 잎맥과
물결을 닮은 가장자리가 특색을 이루어 눈에 띈다.
에너지가 잎에 집중될 수 있도록
작은 꽃들은 따준다.

물주기 봄부터 가을까지 빗물이나 증류수를 주어
배양토를 촉촉하게 유지한다.
겨울에는 배양토 표면이 말랐을 때에 준다.
매일 분무하고, 젖은 자갈이 깔린 받침 위에
두거나 가습기를 사용한다.

영양 공급 봄부터 초가을까지
종합 액체 비료를 2~3주마다 준다.

심기와 돌보기 지름 25~30cm 화분에
나무껍질 배양토와 흙 배양토, 모래를
같은 비율로 섞어 넣고 심는다.
직사광과 외풍을 피해 밝은 곳에 둔다.
2~3년마다 옮겨 심는다.

아펠란드라 스쿠아로사
Aphelandra squarrosa

온도 13~25°C
빛 반양지
습도 중간~높음
돌봄 어려움
키와 너비 60×60cm

화려한 줄무늬가 있는 초록색과 크림색 관엽식물로,
습도가 높은 욕실에서 키우기 좋다.
가을에 작은 오렌지색 꽃이 화려하게 피는데,
꽃 둘레에 노란 포엽(꽃잎처럼 보이는 변화된 잎)이
있다.

물주기 빗물이나 증류수를 주어
배양토를 촉촉하게 유지한다.
건조하면 잎이 진다.
겨울에는 배양토 표면이 거의 말랐을
때에 준다. 매일 분무하고,
젖은 자갈이 깔린 받침 위에 두거나
가습기를 사용한다.

영양 공급 봄부터 여름까지 종합
액체 비료를 2주에 한 번씩 준다.

심기와 돌보기 지름 15~20cm 화분에
흙 배양토를 넣고 심는다. 직사광이 들지 않는
밝은 곳에 둔다. 시든 꽃줄기는 제거하고,
아담하게 자랄 수 있도록 줄기 아래쪽의
두 세트만 남기고 가지치기를 해준다.
해마다 봄에 옮겨 심는다.

엽란
Aspidistra elatior AGM

온도 5~20°C
빛 반음지/음지
습도 낮음
돌봄 쉬움
키와 너비 60×60cm

초보자가 기르기 좋다.
실패할 가능성이 거의 없으며, 다른 식물이라면
살아남기 힘든 그늘진 곳에 내버려두어도 자란다.
초록색 민무늬 타입은 단조로운 느낌인 반면,
크림색 줄무늬 또는 점무늬 타입은
디스플레이에 흥미진진함을 불어넣는다.

물주기 배양토 표면이 마르면 물을 주고,
겨울에는 양을 줄인다.
배양토가 흥건해지지 않도록 주의한다.

영양 공급 봄부터 늦여름까지
2배 희석한 종합 액체 비료를
한 달에 한 번씩 준다.

심기와 돌보기 지름 12.5~20cm 화분에
흙 배양토와 다용도 배양토를 1:1로 섞어 넣고
심는다. 직사광으로부터 멀리 떨어뜨려
반음지에 둔다. 2~3년마다 한 단계 큰 화분에
옮겨 심는다.

베고니아
Begonia species

온도 15~22℃
빛 반양지/반음지
습도 중간
돌봄 아주 쉬움
키와 너비 90×45cm까지
주의! 뿌리에 독성이 있다.

여름에 화단용 화초로 흔히 볼 수 있는
베고니아는 잎으라. 여기에서 소개하는
베고니아는 그와는 완전히 다른 차분한
아름다움을 보여준다. 장식적인 무늬의 잎과
작고 우아한 꽃으로 유명한데,
수많은 색깔과 형태 가운데 고를 수 있다.
대부분 베고니아 렉스 종에서 파생한 것으로,
잎 모양 때문에 영어명으로 '천사 날개 베고니아'
라고도 한다. 베고니아 마큘라타처럼
줄기가 길쭉한 타입은 실내 식물 배치에
짜임새를 더해주며, 약간 큰 꽃이 핀다.
덩이줄기로 자라는데,
대부분은 모종 상태로 팔린다.

물주기 봄부터 가을까지 배양토를 촉촉하게
유지하되 흥건한 상태는 피한다.
겨울에는 배양토 표면이 말랐을 때에 준다.
젖은 자갈이 깔린 받침 위에 두고,
분무는 하지 않는다.

영양 공급 늦봄에서 초가을까지
고농도 질소 비료를 2주에 한 번씩 준다.
더 큰 꽃을 피우고 싶다면 봉오리가 생길 무렵
고농도 칼륨 비료로 바꾸어
꽃이 시들 때까지 사용한다.

심기와 돌보기 뿌리 뭉치보다
약간 넉넉한 크기의 화분에 흙 배양토와
다용도 배양토를 1:1로 섞어 넣고 심는다.
반양지나 반음지에 두며,
겨울에는 난방기로부터 멀리 떨어뜨려 둔다.
뿌리가 엉기면 봄에 옮겨 심는다.

베고니아 '룸바'

붉은 잎이 풍부한, 베고니아 렉스 중 하나이다.
검정색에 가까운 무늬가 있는 진분홍 잎,
그리고 잎 밑면의 빨간색이 우아한 아름다움을
이끌어낸다. 반양지에 두면 가장 아름다운 색깔을
볼 수 있다.

베고니아 '에스카르고'

베고니아 렉스 중 하나로 인기 높은 품종이다.
초록색과 은색이 달팽이집처럼 소용돌이무늬를
그리는 잎이 달렸다. 잎이 섬세한 분홍빛 털로
덮여 있어서 독특한 질감을 형성한다.

베고니아 마큘라타

'물방울무늬 베고니아'라는 별명이 있다. 줄기가
길쭉한 타입으로 흰색 물방울무늬가 있는 커다란
초록 잎과, 여름에 흐드러지게 피는 크림색 작은 꽃이
자랑거리이다. 줄기가 길어서 지지대가 필요하다.

베고니아 솔리무타타

잎의 질감으로 말하자면 누구도 따라올 수 없을 만큼
독특하다. 어두운 버건디색과 밝은 초록색 무늬가
있는 하트 모양 잎이 시선을 사로잡는데,
더 자세히 보면 표면이 사포처럼 거칠다.

크로톤
Codiaeum variegatum

온도 15~25℃
빛 반양지
습도 높음
돌봄 어려움
키와 너비 1.5×0.75m까지
주의! 모든 부위에 독성이 있다.

커다란 관목으로 자랄 잠재력이 숨어 있는 식물이다.
밝은 빨강, 노랑, 초록의 창 모양의 잎들을 달고
있는데, 중간색을 배경에 두고 중앙에 배치했을 때
가장 돋보인다. 기르기는 쉽지 않아서,
높은 습도와 따뜻함이 늘 필요하다.
집 안에서는 욕실이 가장 이상적인 장소이다.

물주기 봄부터 가을까지 미지근한 물로
배양토를 촉촉하게 유지하고,
겨울에는 표면이 말랐을 때에 물을 준다.
젖은 자갈이 깔린 받침 위에 두고,
분무는 하지 않는다.

영양 공급 봄부터 가을까지
종합 액체 비료를 2주에 한 번씩 준다.

심기와 돌보기 뿌리 뭉치 크기에 맞는 화분에
흙 배양토를 넣고 심는다. 2~3년마다 옮겨
심는다. 외풍과 난방기의 열기를 피해
반양지에 둔다. 15℃ 이하로 내려가지 않는
항상 따뜻한 곳에 둔다. 장갑을 끼고
가지치기를 하여 크기를 조절해준다.

크테난테 부를레마릌시
Ctenanthe burle-marxii

온도 10~25℃
빛 반양지
습도 중간
돌봄 쉬움
키와 너비 60×45cm

진녹색과 연두색이 줄무늬를 빚어내고
잎 밑면의 화사한 빨간색까지 더해져
세 가지 색조의 효과를 내면서
이 풍성한 식물의 특별함을 더해준다.
쉽게 돌볼 수 있는 아담한 품종으로,
밝은 실내에서 매력을 드러낸다.

물주기 봄부터 가을까지 배양토를 촉촉하게
유지하고, 겨울에는 표면이 말랐을 때에
물을 준다. 잎이 둥글게 말리면 물을 더 준다.
때때로 분무하거나 젖은 자갈이 깔린
받침 위에 둔다.

영양 공급 봄부터 가을까지
종합 액체 비료를 한 달에 한 번씩 준다.

심기와 돌보기 지름 12.5~15cm 화분에
흙 배양토와 다공도 배양토를
1:1로 섞어 넣고 심는다. 뿌리가 엉기면
2~3년마다 옮겨 심는다.

디펜바키아 세귀네
Dieffenbachia seguine

온도 16~23°C
빛 반양지/반음지
습도 중간
돌봄 아주 쉬움
키와 너비 1.5×1m까지
주의! 모든 부위에 독성이 있다.

무늬가 있는 커다란 잎이 인상적인데,
넓은 방이나 복도처럼 눈길을 잡아끌 요소가
필요한 공간에 잘 어울린다.
초록색 타원형 잎의 중앙에 크림색 무늬나
점이 있는 것이 특징이다.

물주기 봄부터 가을까지 배양토를 촉촉하게
유지하고, 겨울에는 습기가 느껴질 정도로만
준다. 젖은 자갈이 깔린 받침 위에 두거나
가끔 분무한다.

영양 공급 봄부터 가을까지
종합 액체 비료를 한 달에 한 번씩 준다.

심기와 돌보기 뿌리 뭉치 크기에 맞는
화분에 흙 배양토를 넣고 심는다.
반양지 또는 반음지에 둔다. 어두운 곳에서도
살아갈 수는 있으나 크게 성장하기는 어렵다.
수액에 독성이 있으므로 가지치기를 할 때는
장갑을 낀다. 뿌리가 엉기면
2~3년마다 옮겨 심는다.

행운목
Dracaena fragrans

온도 15~24°C
빛 반양지/반음지
습도 낮음~보통
돌봄 쉬움
키와 너비 1.2×0.9m까지
주의! 모든 부위에 반려동물에
해로운 독성이 있다.

멋지고 튼튼한 잎에 관심이 많은 초보자에게
어울리는 식물이다. 무늬가 있는 끈 모양의 잎이
분수처럼 뻗어 나오며, 성숙한 개체에서는
긴 막대 모양의 줄기가 만들어진다.
잎 가운데에 노란 줄무늬가 있는 것,
잎 가장자리에 초록색과 노란색 줄무늬가 있고
가운데가 진녹색인 것 가운데 고를 수 있다.

물주기 봄부터 가을까지 배양토를 촉촉하게
유지하고, 겨울에는 습기가 느껴질 정도로만 준다.
때때로 분무하거나 젖은 자갈이 깔린
받침 위에 둔다.

영양 공급 봄부터 가을까지
2배 희석한 종합 액체 비료를
2주에 한 번씩 준다.

심기와 돌보기 뿌리 뭉치가 넉넉히 들어갈 만한
크기의 화분에 흙 배양토를 넣고 심는다.
반양지나 반음지가 가장 좋지만
빛이 약한 환경에서도 잘 자란다.
원하는 키만큼 자라면 줄기 끝을 잘라준다.
2~3년마다 옮겨 심는다.

드라세나 마지나타
Dracaena marginata

온도 15~24°C
빛 반양지/반음지
습도 낮음~보통
돌봄 쉬움
키와 너비 1.5×0.9m까지
주의! 모든 부위에 반려동물에
해로운 독성이 있다.

나무줄기에서 뾰족한 잎이 스프레이처럼 뻗어 나오는
모습이 이 식물의 매력인데, 한편으로는 야자처럼
보이기도 한다. 키가 커서 위풍당당해 보이며 초록색,
분홍색, 크림색의 줄무늬 잎을 가지고 있다.
공기 정화에 매우 탁월한 식물 중 하나로
기르기도 무척 쉽다.

물주기 봄부터 가을까지 배양토를 촉촉하게
유지하고, 겨울에는 습기가 느껴질 정도로만 준다.

영양 공급 봄부터 가을까지
2배 희석한 종합 액체 비료를 2주에 한 번씩 준다.

심기와 돌보기 뿌리 뭉치 크기에 맞는 화분에
흙 배양토를 넣고 심는다. 가지치기를 해서
크기를 통제한다. 3년마다 또는
뿌리가 엉겼을 때 옮겨 심는다.

팔손이
Fatsia japonica

온도 10~25℃
빛 반양지/반음지
습도 낮음~중간
돌봄 쉬움
키와 너비 2×2m까지

손 모양의 잎은 크고 윤기가 나며,
빛이 약한 조건에서도 무성하게 자라기
때문에 실내 반음지에서 키우기
제격이다. 잎이 진녹색인 것,
얼룩덜룩한 것이 있는데 후자의 경우
색깔을 유지하려면 빛이 좀 더 많아야
한다. 크림색 둥근 꽃이 가을에 핀다.
상대적으로 손이 덜 가므로
초보자에게 알맞다.

물주기 봄부터 가을까지 배양토를
촉촉하게 유지하고, 겨울에는 습기가
느껴질 정도로만 준다.

영양 공급 봄부터 늦여름까지
2배 희석한 종합 액체 비료를
2주에 한 번씩 준다.

심기와 돌보기 뿌리 뭉치보다
넉넉한 크기의 화분에 흙 배양토와
철쭉 배양토를 1:1로 섞어 넣고
심는다. 반양지나 반음지에 두고,
겨울에는 서늘한 방으로 옮긴다.
가지치기를 해서 크기를 통제한다.
2~3년마다 옮겨 심는다.

온도 16~24℃
빛 반양지/반음지
습도 중간
돌봄 어려움
키와 너비 3.5×1.2m까지
주의! 모든 부위에 독성이 있다.

키가 크고 우아하게 생겼다.
아치형으로 뻗은 가지에서 초록색 또는
얼룩무늬의 작은 잎이 나오는데
가지를 뽐낼 만한 충분한 공간이 필요하다.
키우기가 아주 쉽지는 않아서
잎을 떨구는 일도 많지만,
필요한 조건을 정확히 맞추어주면
놀라운 매력을 발할 것이다.

벤자민고무나무
Ficus benjamina

물주기 배양토 표면이 말랐을 때
미지근한 빗물이나 증류수를 준다.
겨울에는 습기가 느껴질 정도로만 유지하고,
여름에는 잎에 분무한다.

영양 공급 봄부터 가을까지
2배 희석한 종합 액체 비료를
한 달에 한 번씩 준다.

심기와 돌보기 뿌리 뭉치 크기에 맞는 화분에
흙 배양토를 넣고 심는다.
잎이 질 수 있으니 이동하거나 옮겨 심지 않는다.
봄에 배양토 윗부분을 갈아준다.

인도고무나무
Ficus elastica

온도 15~24℃
빛 반양지/반음지
습도 낮음~중간
돌봄 쉬움
키와 너비 1.8×1.2m
주의! 수액이 염증을 유발한다.

넓고 윤기 나는 진녹색 잎과 느긋한 습성으로 인기 있다.
나무 같은 모양을 하고 있으며, 약한 빛에서도 잘 견딘다.
잎에 얼룩덜룩한 무늬가 있는 종은 더 많은 빛이 필요하며,
모든 종들이 가뭄에 강하다.

물주기 배양토 표면이 마르면 물을 주고, 겨울에는 습기가
느껴질 정도로만 유지한다. 여름에는 며칠에 한 번씩 잎에 분무한다.

영양 공급 봄부터 가을까지 2배 희석한 종합 액체 비료를
2주에 한 번씩 준다.

심기와 돌보기 뿌리 뭉치가 넉넉히 들어갈 만한 크기의
배수공이 있는 화분을 준비하고, 흙 배양토에 펄라이트를
약간 섞어 넣고 심는다. 외풍이 없는 반양지나 반음지에 둔다.
가지치기를 해서 크기를 통제한다. 뿌리가 엉기면
2~3년마다 옮겨 심는다.

떡갈잎고무나무
Ficus lyrata AGM

온도 15~24℃
빛 반양지
습도 낮음~중간
돌봄 아주 쉬움
키와 너비 1.8×1.2m
주의! 수액이 염증을 유발한다.

키가 크고 위풍당당하게 생겼으며, 커다란 잎은 바이올린을 닮았다.
나무처럼 생긴 단단한 줄기로부터 잎이 나오는데, 옅은 색 잎맥이
도드라져 보인다. 아담한 크기로 키울 수도 있다.

물주기 봄부터 가을까지 배양토 표면이 마르면 물을 주고,
겨울에는 습기가 느껴질 정도로만 유지한다. 물을 너무 많이 주면
뿌리가 썩으므로 주의한다.

영양 공급 봄부터 가을까지 2배 희석한 종합 액체 비료를
한 달에 한 번씩 준다.

심기와 돌보기 뿌리 뭉치 크기의 화분에 흙 배양토와 펄라이트를
3:1로 섞어 넣고 심는다. 직사광과 외풍을 피해 간접광이 드는 곳에 둔다.
겨울에는 난방기로부터 떨어진 곳에 둔다.
뿌리가 엉기면 2~3년마다 옮겨 심는다.

칼라테아 크로카타
Goeppertia crocata AGM
(syn. *Calathea crocata*)

온도 16~24℃
빛 반양지
습도 중간~높음
돌봄 아주 쉬움
키와 너비 60×60cm

여름에 피는 오렌지색 꽃이 햇불을 닮아서
영어명은 '영원한 불꽃'이다.
하지만 이 식물의 특색이자 인기의 비결은 바로
잎이다. 잎은 넓은 타원형에 살짝 주름져 있는데,
윗면은 금속성 광택이 있는 녹색이고
밑면은 짙은 버건디색이다.

물주기 배양토를 연중 촉촉하게 유지하되
과습은 금물이다. 미지근한 물로 매일 분무하고,
젖은 자갈이 깔린 받침 위에 둔다.

영양 공급 봄부터 초가을까지
종합 액체 비료를 한 달에 한 번씩 준다.

심기와 돌보기 지름 12.5~15cm의
중형 화분에 흙 배양토를 넣고 심는다.
예컨대 욕실처럼 직사광이 들지 않는
밝고 습도가 높은 곳에 둔다.
겨울에는 온도가 16℃ 아래로 떨어지지
않도록 주의한다. 2~3년마다,
또는 뿌리가 엉기면 옮겨 심는다.

칼라테아 랑키폴리아
Goeppertia lancifolia
(syn. *Calathea lancifolia*)

온도 15~24℃
빛 반양지/반음지
습도 중간
돌봄 아주 쉬움
키와 너비 75×45cm

이 식물의 탁월한 매력은 가장자리가
눈부시게 주름져 있는 잎이다.
윗면에는 라임색과 진녹색으로 이루어진
뱀 무늬가 있고, 밑면은 버건디색을 띠고 있다.
브라질 원산으로 따뜻하고 습한 환경을 좋아하므로,
욕실이나 부엌에 두면 좋다.

물주기 봄부터 가을까지 빗물이나 증류수로
배양토를 촉촉하게 유지한다.
겨울에는 표면이 말랐을 때에 준다.
미지근한 물로 매일 분무하고,
　젖은 자갈이 깔린 받침 위에 두거나
　가습기를 사용한다.

영양 공급 봄부터 가을까지
2배 희석한 종합 액체 비료를 2주마다 준다.

심기와 돌보기 지름 12.5~15cm 화분에
흙 배양토와 펄라이트를 2:1로 섞어 넣고 심는다.
직사광과 외풍이 없는 반양지나 반음지에 두고,
연중 따뜻하게 해준다.
뿌리가 엉기면 2~3년마다 옮겨 심는다.

피토니아 알비베니스
Fittonia albivenis Verschaffeltii Group AGM

온도 17~26℃
빛 반양지
습도 높음
돌봄 아주 쉬움
키와 너비 15×20cm

잎에 아름답게 새겨진 모자이크 무늬가 특징이다.
실내 어디에 두어도 어울리는 자그마한 크기인데,
습도가 높아야 하므로 욕실이나 부엌,
테라리엄이 가장 좋다. 진녹색 또는 연녹색 잎에
밝은 분홍색의 잎맥이 있다. 이와 크기도 비슷하고
좋아하는 환경도 같은 수박필레아(157쪽 참조)와
함께 두면 조화를 잘 이룬다.

물주기 배양토를 연중 촉촉하게 유지하되
과습은 금물이다. 잎이 노랗게 변하면
물이 지나치게 많다는 신호이다.
매일 분무한다. 젖은 자갈이 깔린 받침 위에
두거나 가습기를 사용한다.

영양 공급 봄부터 가을까지
2배 희석한 종합 액체 비료를
한 달에 한 번씩 준다.

심기와 돌보기 지름 7.5~10cm의 소형 화분에
흙 배양토를 넣고 심는다. 밝은 반양지에서
잘 자라는데, 직사광은 피하도록 한다.
여름에 피는 꽃을 따주면 잎이 더 잘 자란다.
연중 따뜻함과 습기가 필요하다.
습도가 높으면 잎이 건강하게 자란다.
뿌리가 엉기면 2~3년마다 옮겨 심는다.

칼라테아 마코야나
Goeppertia makoyana
(syn. *Calathea makoyana*) AGM

온도 16~24℃
빛 반양지/반음지
습도 높음
돌봄 어려움
키와 너비 60×60cm

은빛 나는 잎사귀를 보면 지나쳐버리기 힘든데
윗면은 암녹색의, 밑면은 버건디색의
붓 자국 무늬가 있어서 보는 사람을 즐겁게 한다.
돌보기 쉬운 식물은 아니지만
뛰어난 생김새 때문에 공 들일 만한 가치가 있다.

물주기 봄부터 가을까지 빗물이나 증류수로
배양토를 촉촉하게 유지하고,
겨울에는 약간만 젖게 한다.
미지근한 물로 매일 분무하고,
젖은 자갈이 깔린 받침 위에 두거나
가습기를 설치한다.

영양 공급 봄부터 가을까지
2배 희석한 종합 액체 비료를
2주에 한 번씩 준다.

심기와 돌보기 지름 12.5~15cm 화분에
흙 배양토와 펄라이트를 2:1로 섞어 넣고
심는다. 직사광과 외풍이 없는 반양지나
반음지에 둔다. 연중 따뜻하게 해준다.
뿌리가 엉기면 2~3년마다 옮겨 심는다.

기누라 아우란티아카
Gynura aurantiaca

온도 15~24℃
빛 반양지
습도 중간
돌봄 아주 쉬움
키와 너비 20×20cm

벨벳처럼 부드러운 잎을 가진 아담한 식물로,
그냥 지나치지 못하고 꼭 한번 만져보게 된다.
금속성 초록빛을 띤 잎은 찢어진 모양을 하고 있고,
여기에 세련된 보라색 털이 덮여 솜털 같은
투톤을 이루고 있다. 잎이 무성하게 달린
줄기가 화분 밖으로 우아하게 흘러넘친다.

물주기 봄부터 가을까지 배양토를 촉촉하게
유지하고, 겨울에는 습기가 느껴질 정도로만
물을 준다. 잎에는 물이 닿지 않도록 조심한다.
젖은 자갈이 깔린 받침 위에 두되
분무는 하지 않는데, 물이 닿으면
잎에 얼룩이 생기기 때문이다.

영양 공급 봄부터 가을까지
2배 희석한 종합 액체 비료를 2주에 한 번씩 준다.

심기와 돌보기 지름 15~20cm의 폭이 넓은
화분에 다용도 배양토와 흙 배양토를 1:1로
섞어 넣고 심는다. 직사광을 피해 반양지에 둔다.
잎이 더 무성해지도록 줄기 끝을 잘라주고,
썩 유쾌하지 못한 냄새를 풍기는 노란 꽃도
자른다. 뿌리가 엉기면 2~3년마다 옮겨 심는다.

히포에스테스 필로스타키아
Hypoestes phyllostachya AGM

온도 18~27℃
빛 반양지
습도 중간
돌봄 아주 쉬움
키와 너비 25×25cm

자그맣고 화려한 하트 모양의 초록색 잎에는
분홍색, 빨간색, 크림색 점이 찍혀 있다.
여러 변종들의 영어명에 물방울무늬라는 뜻이
들어가 있는데, 물방울이라기보다는
튄 자국처럼 보인다. 테라리엄이나
병으로 된 화분에 여러 가지 색깔의
변종들을 키워보라. 여름에 작은 자홍색 꽃이 핀다.

물주기 봄부터 가을까지
배양토 표면이 마르면 물을 주고,
겨울에는 습기가 느껴질 정도로만 유지한다.
젖은 자갈이 깔린 받침 위에 두거나
며칠에 한 번 잎에 분무한다.

영양 공급 봄부터 가을까지
2배 희석한 종합 액체 비료를 2주에 한 번씩 준다.

심기와 돌보기 지름 12.5~15cm 화분에
흙 배양토를 넣고 심는다.
습도가 높은 밝은 반양지에 두는 것이 좋은데,
욕실이나 부엌이 이상적이다. 줄기 끝을
잘라주면 더 무성하게 자란다.
2~3년마다, 또는
뿌리가 엉겼을 때 옮겨 심는다.

마란타
Maranta leuconeura var. *kerchoveana* AGM

온도 15~24℃
빛 반양지
습도 중간
돌봄 아주 쉬움
키와 너비 60×60cm

마치 사람 손으로 그린 것처럼
복잡한 장식이 있는 잎이 굉장히 멋지다.
타원형의 잎에는 연녹색과 암녹색의 깃털 같은
무늬가 있다. 윗면에는 붉은 잎맥이,
밑면에는 암적색 잎맥이 드러나 있다.
또 한 가지 매력이 있는데,
밤에는 기도하듯 잎이 접혔다가
새벽에 다시 펼쳐진다.

물주기 봄부터 가을까지 배양토를 촉촉하게
유지하고, 겨울에는 약간 더 마르게 한다.
젖은 자갈이 깔린 받침 위에 두고
정기적으로 잎에 분무한다.

영양 공급 봄부터 가을까지
2배 희석한 종합 액체 비료를 2주에 한 번씩 준다.

심기와 돌보기 지름 12.5~15cm의 얕은 화분에
흙 배양토를 넣고 심는다.
직사광과 외풍이 없는 반양지에 둔다.
2~3년마다 옮겨 심는다.

파키라
Pachira aquatica

온도 12~24℃
빛 반양지
습도 중간
돌봄 아주 쉬움
키와 너비 1.8×1.2m

속설에 따르면 야자처럼 생긴 이 식물이
행운을 가져온다고 한다. 그 행운이 돈은 아닐지라도
(영어명은 '머니 트리'이다), 생김새로 확실히
보답해준다. 늘씬한 줄기는 머리를 땋은 것처럼
자라고, 크고 윤기 나는 잎은 거대한 초록색 꽃잎처럼
생긴 중심점으로부터 벌어져 나온다.

물주기 봄부터 가을까지 배양토 표면이 마르면
물을 주고, 겨울에는 습기가 느껴질 정도로만
유지한다. 며칠에 한 번씩 분무하거나,
젖은 자갈이 깔린 받침 위에 둔다.

영양 공급 봄부터 가을까지 종합 액체 비료를
2주에 한 번씩 준다.

심기와 돌보기 지름 20~25cm 화분에
약간의 펄라이트를 섞은 흙 배양토를 넣고 심는다.
직사광이 들지 않는 반양지에 둔다.
줄기 끝을 잘라주면 아담하게 키울 수 있다.
옮겨 심는 것보다는 해마다
배양토 윗부분을 갈아주는 것이 좋다.

수박페페로미아
Peperomia argyreia

온도 15~24℃
빛 반음지
습도 중간
돌봄 아주 쉬움
키와 너비 20×20cm

붉고 가느다란 줄기에 매달린 잎에는
은색과 암녹색 줄무늬가 있는데,
그 모양이 꼭 수박 껍질 같다.
테이블 가운데에 올려두면 아름다운 주인공이 된다.
화려한 모양새에도 불구하고
돌보기가 아주 쉬우며, 아담한 크기로 자란다.

물주기 봄부터 가을까지
배양토 표면이 마르면 물을 주고,
겨울에는 거의 마른 상태로 유지한다.
젖은 자갈이 깔린 받침 위에 두거나
며칠에 한 번씩 잎에 분무한다.

영양 공급 봄부터 가을까지
2배 희석한 종합 액체 비료를
한 달에 한 번씩 준다.

심기와 돌보기 지름 10~12.5cm 화분에
화분용 흙 배양토를 넣고 심는다.
여름에는 반음지에 두며,
빛이 약해지는 겨울에는 밝은 곳으로
옮기되 직사광은 피한다.
해마다 배양토 윗부분을 갈아준다.
뿌리가 엉겨 있는 것을 좋아하므로
3년마다 옮겨 심는다.

주름페페로미아
Peperomia caperata

온도 15~24℃
빛 반음지
습도 중간~높음
돌봄 아주 쉬움
키와 너비 25×25cm

빨간색 또는 초록색을 띠는 잎은
하트 모양으로 생겼다.
또 복잡하게 주름진 질감을
가지고 있어서 빛을 받으면
아름다운 투톤 효과를 낸다.
여름에 길고 가느다란 크림색 꽃이 피는데,
마치 잎에서 양초 심지가
뻗어 나온 것처럼 보인다.

물주기 봄부터 가을까지
배양토 표면이 마르면 물을 주고,
겨울에는 거의 마른 상태로 유지한다.
젖은 자갈이 깔린 받침 위에 두되,
잎에 분무하지는 않는다.

영양 공급 봄부터 가을까지
2배 희석한 종합 액체 비료를
한 달에 한 번씩 준다.

심기와 돌보기 지름 10cm의 소형 화분에
펄라이트 한 움큼을 섞은 흙 배양토를 넣고
심는다. 욕실이나 부엌처럼 습도가 높은
반음지에 둔다. 뿌리가 엉기면
2~3년마다 옮겨 심는다.

제나두
Philodendron xanadu

온도 15~24℃
빛 반음지/음지
습도 중간
돌봄 쉬움
키와 너비 1×1.2m까지
주의! 모든 부위에 독성이 있다.

무성하게 자라는 잎은 뚜렷하게 갈라진
모양을 하고 있다. 부피가 큰 식물이 필요한
그늘진 구석이나 복도에 두면 품격을 더해줄 것이다.
윤기 나는 진녹색 잎은 길이가 약 45cm까지
자랄 수 있는데, 분수처럼 뻗어 나와
자그마한 돔을 형성한다.

물주기 봄부터 가을까지 배양토를 촉촉하게
유지하고, 겨울에는 표면이 말랐을 때에
물을 준다. 며칠에 한 번씩 잎에 분무하거나,
젖은 자갈이 깔린 받침 위에 둔다.

영양 공급 봄부터 가을까지
종합 액체 비료를 한 달에 한 번씩 준다.

심기와 돌보기 뿌리 뭉치 크기에 맞는
큰 화분에 흙 배양토를 넣고 심는다.
직사광이 닿지 않는 곳에 둔다.
몇 주마다 젖은 천으로 잎 표면을 닦아주어
먼지를 제거하면 최고의 모습을 유지할 수 있다.
2~3년마다 또는 뿌리가 엉기면 옮겨 심는다.

수박필레아
Pilea cadierei AGM

온도 15~24°C
빛 반음지
습도 중간
돌봄 아주 쉬움
키와 너비 30×25cm
주의! 모든 부위에 독성이 있다.

은색과 초록색 줄무늬가 수박처럼 보인다.
은빛 무늬가 알루미늄을 떠오르게 해서
영어명은 '알루미늄 플랜트'이다.
돌보기 쉬워서 초보자에게 알맞다.
약간 그늘진 실내에서 잎이 무성한
식물들 사이에 두면 활기를 더해줄 것이다.

물주기 봄부터 가을까지 배양토를 촉촉하게
유지하고, 겨울에는 표면이 말랐을 때에
물을 준다. 정기적으로 분무한다.

영양 공급 봄부터 가을까지
종합 액체 비료를 2주에 한 번씩 준다.

심기와 돌보기 지름 12.5~15cm 화분에
흙 배양토와 펄라이트를 2:1로 섞어 넣고 심는다.
직사광을 피해 약간 그늘진 곳에 두며,
연중 따뜻하게 해준다. 줄기 끝의 꽃봉오리를
잘라주면 잎이 무성하게 자란다.
뿌리가 엉기면 1~2년마다 옮겨 심는다.

필레아 페페로미오이데스
Pilea peperomioides AGM

온도 15~24°C
빛 반양지/반음지
습도 중간
돌봄 아주 쉬움
키와 너비 30×30cm
주의! 모든 부위에 독성이 있다.

줄기 끝에 둥그런 잎이 균형을 잡고 있는 모습이
접시돌리기를 연상시킨다.
흥미로운 모양새 때문에 식물 수집가들의
희망 목록 상단부에 자리 잡고 있다.
창턱이나 반음지의 테이블 위에 두면
잎이 만들어내는 느슨한 돔 모양이
한결 빛을 발한다.

물주기 봄부터 가을까지 배양토 표면이 마르면
물을 주고, 겨울에는 습기가 느껴질 정도로만
유지한다. 잎에 정기적으로 분무한다.

영양 공급 봄부터 가을까지
2배 희석한 종합 액체 비료를 2주에 한 번씩 준다.

심기와 돌보기 지름 12.5~15cm 화분에
흙 배양토와 펄라이트를 2:1로 섞어 넣고 심는다.
직사광과 외풍이 없는 반음지에 두고
연중 따뜻하게 해준다.
뿌리가 엉기면 1~2년마다 봄에 옮겨 심는다.

플렉트란투스 외르텐달리
Plectranthus oertendahlii AGM

온도 15~24°C
빛 반음지/음지
습도 낮음
돌봄 쉬움
키와 너비 20×60cm

잘생긴 한편으로 거칠기도 하며,
은색 잎맥이 보이는 잎과 봄에 첨탑처럼
피어나는 작고 하얀 꽃이 즐거움을 주는 식물이다.
돌보기 쉬우며, 늘어지는 줄기 때문에
키 큰 화분에 잘 어울린다. 반음지를 가장 좋아하지만
어둑한 곳에서도 잘 자라므로, 직사광이 들지 않는
실내에 색깔과 질감을 더하고 싶을 때 유용하다.

물주기 봄부터 가을까지
배양토 표면이 마르면 물을 주고,
겨울에는 습기가 느껴질 정도로만 유지한다.

영양 공급 봄부터 가을까지
2배 희석한 종합 액체 비료를 2주에 한 번씩 준다.

심기와 돌보기 지름 12.5~15cm 화분에
흙 배양토와 펄라이트를 2:1로 섞어 넣고 심는다.
직사광이 없는 반음지에 둔다.
뿌리가 엉기면 2~3년마다 옮겨 심는다.

채두수
Radermachera sinica AGM

온도 12~24℃
빛 반양지
습도 낮음~중간
돌봄 아주 쉬움
키와 너비 1.8×1.2m까지

밝은 실내의 빈 구석에 두면
무성하고 우아한 잎이 멋지게
공간을 채워줄 것이다.
윤기 나는 잎들은 풍부한 초록을 띠고 있으며
작은 이파리로 갈라져 나온다.
그래서 밝고 경쾌한 모습을 한 나무처럼 보인다.

물주기 봄부터 초가을까지 배양토 표면이
말랐다고 느껴질 때에 물을 준다.
겨울에는 양을 줄여 습기가 느껴질
정도로만 준다. 가끔씩 분무한다.

영양 공급 봄부터 가을까지
2배 희석한 종합 액체 비료를
2주에 한 번씩 준다.

심기와 돌보기 뿌리 뭉치가 넉넉히 들어가는
화분에 흙 배양토를 넣고 심는다.
직사광이 들지 않는 반양지에 둔다.
봄에 가지치기를 해서 크기가 알맞게
유지되도록 한다. 성장이 빠른 식물로,
2년마다 옮겨 심는다.

온도 15~24℃
빛 반양지/반음지
습도 낮음
돌봄 쉬움
키와 너비 75×30cm
주의! 모든 부위에 독성이 있다.

사촌뻘인 산세베리아와 마찬가지로 공기 정화에
도움이 되며, 돌보기도 쉽다. 길쭉하고 가는
원통형 잎들은 투창처럼 생겼으며
잎을 두르고 있는 회녹색 띠는 장식적인 효과를
더해준다. 잎이 부러지기 쉬우므로
상처 받지 않을 만한 장소에 둔다.

스피어산세베리아
Sansevieria cylindrica

물주기 봄부터 가을까지 배양토 표면이 말랐을
때에 물을 주고, 겨울에는 한 달에 한 번 준다.

영양 공급 봄부터 가을까지
2배 희석한 종합 액체 비료를
한 달에 한 번씩 준다.

심기와 돌보기 비좁은 환경을 좋아하므로
뿌리 크기에 딱 들어맞는 화분을 골라
선인장 배양토를 넣고 심는다.
직사광을 피해 둔다. 약간 그늘진 곳에서도
잘 견디지만 잎은 빛을 향해 뻗을 것이다.
뿌리가 단단히 엉겼을 때만 옮겨 심는다.

산세베리아 '라우렌티'
Sansevieria trifasciata var. *laurentii* AGM

온도 15~24°C
빛 반음지
습도 낮음
돌봄 쉬움
키와 너비 75×30cm
주의! 모든 부위에 독성이 있다.

공기 정화에 매우 뛰어난 식물 중 하나로,
생김새 때문에 영어로는 '뱀 식물' 또는
'시어머니의 혀'로 불린다.
노란 테두리가 있는 초록색과 은색 잎이
칼처럼 생겼는데, 무리를 지어 자란다.
과습일 경우 뿌리가 썩을 수 있으며,
오히려 돌보지 않고 방치해두면 잘 큰다.

물주기 봄부터 가을까지
배양토 표면이 말랐을 때에 물을 주고,
겨울에는 한 달에 한 번 준다.

영양 공급 봄부터 가을까지
2배 희석한 종합 액체 비료를
한 달에 한 번씩 준다.

심기와 돌보기 뿌리 크기에 꼭 맞는 화분을
좋아하므로 적당한 크기로 준비하여
선인장 배양토를 넣고 심는다.
직사광이 들지 않는 반음지에 둔다.
뿌리가 단단히 엉겼을 때만 옮겨 심는다.

홍콩야자
Schefflera arboricola AGM

온도 15~24°C
빛 반양지/반음지
습도 낮음~중간
돌봄 쉬움
키와 너비 2.4×1.2m
주의! 모든 부위에 독성이 있다.

손처럼 생긴 초록색 또는 얼룩무늬 잎이
인상적인 식물로, 난방이 되는 실내에서
양지에서든 음지에서든 잘 자라는
습성 때문에 사랑받고 있다.
수태봉에 묶어 키우기도 한다.

물주기 봄부터 가을까지
배양토 표면이 말랐을 때에 물을 주고,
겨울에는 한 달에 한 번 준다.

영양 공급 봄부터 가을까지
2배 희석한 종합 액체 비료를
한 달에 한 번씩 준다.

심기와 돌보기 뿌리 뭉치 크기에 맞는
무거운 화분에 흙 배양토와 모래를
2:1로 섞어 넣고 심는다. 따뜻한 실내에 두되
직사광을 피한다. 봄에 가지치기를 하고,
2년마다 옮겨 심는다.

콜레우스
Solenostemon scutellarioides hybrids

온도 15~24°C
빛 반양지
습도 중간
돌봄 아주 쉬움
키와 너비 60×30cm
주의! 모든 부위에 반려동물에
해로운 독성이 있다.

라임색, 립스틱 빛깔의 분홍색, 차분한 버건디,
타는 듯한 오렌지색, 그리고 그 사이에 있는
모든 색깔까지 아주 다양한 범주 가운데
잎의 색을 선택할 수 있다. 잎 모양도 다양하다.
그러므로 어떤 디자인 계획을 세웠더라도
콜레우스는 적절한 선택이 된다. 화려한 잎은
민무늬 잎을 가진 식물과 좋은 파트너가 될 것이며,
차분한 색이라면 꽃을 돋보이게 해줄 것이다.

물주기 봄부터 가을까지
배양토를 촉촉하게 유지한다.
겨울에는 배양토 표면이 말랐을 때에 물을 준다.

영양 공급 봄부터 가을까지
종합 액체 비료를 2주에 한 번씩 준다.

심기와 돌보기 지름 15cm 화분에 다용도
배양토와 흙 배양토를 같은 비율로 섞어 넣고
심는다. 줄기 끝을 잘라주면 무성하게
자랄 수 있다. 직사광이 들지 않는 밝은 곳에 둔다.
늦겨울이나 초봄에 3분의 2가량 가지치기를
해준다. 매년 봄에 씨앗을 발아시켜 기를 수도
있다.(208~209쪽 참조)

스트로만테 상귀네아
Stromanthe sanguinea 'Triostar'

온도 15~24°C
빛 반양지
습도 높음
돌봄 아주 쉬움
키와 너비 45×60cm

관엽식물 중의 보석으로 꼽힌다.
분홍색, 빨간색, 녹색, 크림색 얼룩무늬가 있는
스트로만테의 매력적인 잎 앞에서
누구도 경쟁할 수 없다. 창 모양의 잎이
마음껏 뻗어 과시할 수 있는 공간이 필요하다.
현란한 색깔을 보완하면서도 경쟁하지 않는,
담백한 모양의 화분이 제격이다.

물주기 봄부터 가을까지
배양토를 촉촉하게 유지하고,
겨울에는 횟수를 줄인다.
매일 분무하고, 젖은 자갈이 깔린
받침 위에 두거나 가습기를 사용한다.

영양 공급 봄부터 늦가을까지
2배 희석한 종합 액체 비료를
2주에 한 번씩 준다.

심기와 돌보기 지름 12.5~15cm 화분
(얕은 것이 좋다)에 다용도 배양토와
흙 배양토를 같은 비율로 섞어 넣고 심는다.
직사광과 외풍이 없는 밝은 곳에 둔다.
부엌이나 욕실이 이상적이다.
2~3년마다 옮겨 심는다.

싱고니움
Syngonium podophyllum AGM

온도 15~29°C
빛 반양지/반음지
습도 중간
돌봄 아주 쉬움
키와 너비 90×60cm까지
주의! 모든 부위에 독성이 있다.

크림색과 초록색 얼룩무늬가 있는 화살 모양 잎을
가지고 있다. 밝거나 약간 그늘진 실내에 두면
관엽식물로 구성된 디스플레이에서
정글 분위기를 더해줄 것이다. 보통 아담한 크기로
팔리지만, 제멋대로 내버려두면 크게 자라서
기어오르기 시작할 때 지지대로 묶어주어야
할 수도 있다.

물주기 봄부터 늦가을까지
배양토 표면이 말랐을 때에 물을 주고,
겨울에는 양을 약간 줄인다.
잎에 정기적으로 분무하거나,
젖은 자갈이 깔린 받침 위에 둔다.

영양 공급 봄부터 가을까지
2배 희석한 종합 액체 비료를
2주에 한 번씩 준다.

심기와 돌보기 지름 15~20cm 화분에
흙 배양토를 넣고 심는다. 직사광이 들지 않는
밝은 곳에서 잘 자라며, 부엌이나 욕실처럼
습기가 있는 곳이 이상적이다.
아담하지만 무성하게 키우기 위해
매년 봄에 가지치기를 해준다.
알맞은 크기로 자라면 옮겨 심지 않고,
대신 해마다 봄에 배양토 윗부분을 갈아준다.

자주만년초
Tradescantia spathacea

온도 15~27°C
빛 반양지
습도 중간
돌봄 쉬움
키와 너비 60×60cm

초록색과 자주색의 칼처럼 생긴 잎들이
꽃다발처럼 생겨서 눈길을 사로잡는다.
작고 흰 꽃이 이파리 사이로 연중 피는데,
두드러진 매력은 꽃보다 잎이다.
작은 욕실이나 부엌처럼 습기 있는 곳에서
잘 자란다.

물주기 봄부터 가을까지
배양토 표면이 말랐을 때에 물을 주고,
겨울에는 습기가 느껴질 정도로만 유지한다.
1~2일마다 분무하거나,
젖은 자갈이 깔린 받침 위에 둔다.

영양 공급 봄부터 가을까지
종합 액체 비료를 한 달에 한 번씩 준다.

심기와 돌보기 지름 15~20cm 화분에
흙 배양토와 모래 또는 펄라이트를
2:1로 섞어 넣고 심는다. 밝은 곳에 두되
직사광은 피한다. 약간 그늘진 곳에서도
잘 견디지만 자주색 색조를 잃을 수 있다.
2~3년마다 옮겨 심는다.

대왕유카
Yucca elephantipes AGM

온도 10~27℃
빛 양지/반양지
습도 낮음
돌봄 쉬움
키와 너비 1.5×0.75m
주의! 모든 부위에 반려동물에
해로운 독성이 있다.

한여름의 강한 햇빛을 즐기는
드문 식물 중 하나이다. 야자나무처럼 생긴
줄기에서 뾰족한 칼처럼 생긴 잎들이 뻗어
나오는데, 양지바른 실내에서
대담한 형태로 드라마틱한 조형물을
만들어낸다.

물주기 봄부터 가을까지 배양토 표면이
말랐을 때에 물을 주고,
겨울에는 한 달에 한 번 준다.

영양 공급 봄부터 가을까지
2배 희석한 종합 액체 비료를
한 달에 한 번씩 준다.

심기와 돌보기
뿌리 뭉치 크기에 맞는
화분에 흙 배양토와
모래를 2:1로 섞어 넣고 심는다.
너무 크게 자라면 봄에 알맞게 줄기를
잘라준다. 그러면 새잎이 곧바로 난다.
2~3년마다 옮겨 심는다.

금전수
Zamioculcas zamiifolia

온도 15~24℃
빛 반양지/반음지
습도 낮음
돌봄 쉬움
키와 너비 75×60cm
주의! 모든 부위에 독성이 있다.

줄기에서 길쭉한 잎이 무성하게 나와
큰 화병 모양을 형성한다. 햇빛이든 그늘이든
잘 견디고 낮은 습도에도 강하기 때문에
어디서나 잘 자란다. 초보자가 키우기에
완벽한 식물로, 윤기 나는 잎은 더 풍만한 잎과
꽃들을 돋보이게 하는 역할을 한다.

물주기 봄부터 가을까지 배양토 표면이
말랐을 때에 물을 주고,
겨울에는 한 달에 한 번씩 준다.

영양 공급 봄부터 가을까지
2배 희석한 종합 액체 비료를
한 달에 한 번씩 준다.

심기와 돌보기 뿌리 뭉치 크기에 맞는
화분에 흙 배양토와 모래를 2:1로 섞어 넣고
심는다. 반음지나 반양지가 이상적이나
더 어둑한 곳에서도 자랄 수 있다.
봄에 가지치기를 해서 모양을 다듬어준다.
2~3년마다 옮겨 심는다.

선인장

옹환
Cephalocereus senilis

뾰족하고 놀라울 정도로 기묘한 것에서부터 부드러운 줄기가 우아하게 뻗어나가는 것에 이르기까지, 선인장 세계는 다양하다. 사실상 다육식물이지만 보통은 고유한 범주에 속하는 것으로 간주된다. 대부분의 종류가 양지바른 창턱이나 소박한 행잉 바스켓에 두면 완벽하게 어울린다. 잎과 가지에 물을 저장하는 능력이 있어서 긴 가뭄도 견딜 수 있으므로 초보자가 기르기에 알맞다. 모든 선인장이 사막에서 자라는 것은 아니다. 크리스마스선인장 (165쪽 참조)을 포함한 몇몇 종류는 본래부터 열대림의 나무 위에서 사는데, 더 그늘지고 습기 있는 환경이 필요하다.

온도 10~32℃
빛 양지/여름에 반양지
습도 낮음
돌봄 쉬움
키와 너비 30×10cm

노인의 턱수염처럼 고운 흰 털로 덮여 있는데, 이 묘한 생김새가 이야기 소재가 될 수 있다. 갈라지지 않고 기둥처럼 길게 뻗은 줄기는 무리를 지어 자란다. 일반적으로 어린 식물에서 은빛 털을 많이 볼 수 있다. 빨간색, 노란색, 흰색 꽃이 드물게 핀다.

물주기 배양토 표면에서 1~2cm 정도가 말라 있을 때 물을 준다. 겨울 동안에는 1~2회만 준다.

영양 공급 봄과 여름에 선인장 비료를 한 달에 한 번씩 준다.

심기와 돌보기 장갑을 끼고, 지름 10cm의 소형 화분에 선인장 배양토(또는 흙 배양토, 모래, 펄라이트를 1:1:1로 섞은 것)를 넣고 심는다. 양지에 두며, 겨울에는 서늘하지만 밝은 곳(되도록 난방이 되지 않는 곳)으로 옮겨준다. 성장 중에는 해마다, 다 자란 뒤에는 2년마다 봄에 옮겨 심는다.

귀면각선인장
Cereus forbesii

온도 10~32℃
빛 햇빛/여름에는 반양지
습도 낮음
돌봄 쉬움
키와 너비 90×15cm까지

선인장의 고전적인 모양새를 하고 있다.
식물 컬렉션에 추가하면 뒷줄에서
높이와 형태를 만들면서
멋진 디스플레이를 구성한다.
회녹색의 줄기는 갈색 가시들로 덮여 있다.
여름이 되면 지름이 최대 15cm에 이르는
흰색 또는 분홍색의 향기로운 꽃이 피는데,
밤에는 꽃잎을 열었다가 새벽에는 오므린다.

물주기 배양토 표면에서 1cm 정도가 말라 있을
때 물을 준다. 휴면기인 겨울에는 1~2회만 준다.

영양 공급 여름에 선인장 비료를
한 달에 한 번씩 준다.

심기와 돌보기 지름 15~20cm의 화분을
준비하는데, 넘어지지 않게 하려면
화분이 묵직해야 한다. 장갑을 끼고
선인장 배양토(또는 흙 배양토, 모래, 펄라이트를
1:1:1로 섞은 것)를 넣고 심는다.
양지바른 곳에 두며, 겨울에는 서늘하고
밝은 실내로 옮긴다. 성장 중이면 해마다,
다 자란 뒤에는 2년마다 옮겨 심는다.

공작선인장
Disocactus flagelliformis AGM

온도 4~24℃
빛 반양지
습도 중간
돌봄 아주 쉬움
키와 너비 60×60cm

줄기가 납작하고 가늘며 가장자리는
물결 모양을 하고 있다. 이 열대 선인장은
행잉 바스켓에 넣어 밝은 실내에서 키우기 좋다.
봄에 빨간색 깔때기 모양의 큰 꽃이 피는데
이것이 최고의 감상 포인트이다.

물주기 봄부터 초가을까지
배양토 표면이 마르면 정기적으로 준다.
겨울에는 습기가 느껴질 정도로만 준다.
더운 여름에는 증류수나 빗물을
때때로 분무한다.

영양 공급 봄부터 여름까지
2배 희석한 고농도 칼륨 비료를
2주에 한 번씩 준다.

심기와 돌보기 지름 10cm 화분이나
바스켓에 착생 선인장 배양토(또는
흙 배양토와 고운 모래를 4:1로 섞은 것)를
넣고 심는다. 봄부터 가을까지는 낮에
16~24℃, 밤에 4~12℃ 되는 반양지에서
키우는 것이 이상적이다. 겨울에 그늘진 서늘한
실내로 옮겼다가 봄이 되면 다시 밝은 곳으로
옮긴다. 뿌리가 엉겼을 때 꽃을
가장 잘 피우므로 옮겨 심지 않는다.

생선뼈선인장
Epiphyllum anguliger

온도 11~25℃
빛 반양지/반음지
습도 중간
돌봄 아주 쉬움
키와 너비 60×60cm

넓적한 생선뼈처럼 가장자리가 물결 모양인 잎이
무리 지어 뻗어 나온다. 독특한 생김새 때문에
선인장 애호가들의 사랑을 받고 있다.
가을에 향기로운 연노랑 꽃이 피어
매력을 더해준다.

물주기 봄부터 초가을까지
배양토 표면이 마르면 정기적으로 준다.
겨울에는 습기가 느껴질 정도로만 준다.
매일 분무하거나 젖은 자갈이 깔린
받침 위에 둔다.

영양 공급 꽃봉오리가 형성되는 여름부터
개화할 때까지 고농도 칼륨 비료를
2주마다 준다.

심기와 돌보기 지름 10~15cm 화분이나
바구니에 착생 선인장 배양토(또는
흙 배양토와 고운 모래를 4:1로 섞은 것)를
넣고 심는다. 봄부터 가을까지 16~25℃를
유지해준다. 겨울에 서늘하고
그늘진 곳으로 옮겨 11~14℃를
유지해주면 개화가 촉진된다.
성장 중이면 해마다 봄에
옮겨 심고, 다 자란 것은
배양토만 보충해준다.

일출환선인장
Ferocactus latispinus AGM

온도 10~30℃
빛 양지/여름에 반양지
습도 낮음
돌봄 쉬움
키와 너비 25×25cm까지

통 모양의 줄기에서 뾰족뾰족 가시가 돋은 생김새 때문에 존재감이 매우 크다. 통통하고 둥근 줄기는 두꺼운 갈고리 같은 빨간색 가시로 덮여 있는데, 이 때문에 영어명은 '악마의 혀'이다. 여기에 바늘 같은 크림색 가시까지 가세해 다채로운 색깔의 가시 공처럼 보인다. 다 자란 개체에서는 늦여름에 보라색이나 노란색 꽃이 핀다.

물주기 봄부터 가을까지 배양토 표면에서 2cm 정도가 말라 있을 때 물을 준다. 겨울에는 1~2회만 준다.

영양 공급 봄부터 늦여름까지 선인장 비료를 3~4주에 한 번씩 준다.

심기와 돌보기 식물이 안정적으로 자리 잡을 만큼 충분히 큰 화분을 준비한다. 보호용 장갑을 끼고 선인장 배양토(또는 흙 배양토, 모래, 펄라이트를 3:1:1로 섞은 것)를 넣고 심는다. 양지바른 창턱에 두고, 한여름에는 창문에서 조금 떨어진 곳으로 옮긴다. 겨울에는 서늘하고 밝으며 난방이 되지 않는 실내로 옮긴다. 성장 중에는 해마다, 다 자란 뒤에는 2년마다 옮겨 심는다.

마밀라리아
Mammillaria species

온도 7~30℃
빛 양지/여름에 반양지
습도 낮음
돌봄 쉬움
키와 너비 대부분의 종들이 15×30cm까지

작디작은 선인장으로, 햇빛이 잘 드는 창가에 두면 잘 어울리고 여름에 규칙적으로 꽃을 피워 인기 높은 실내 식물이다. 둥근 형태 또는 짧은 기둥 형태를 띠고 있는데, 튀어나온 부분이나 표면의 대부분을 이루는 작은 돌기 끝에 작은 가시가 난다. 여름에 분홍색, 보라색, 주황색, 크림색 꽃이 윗부분에 고리 모양을 만들며 피어난다.

물주기 봄부터 가을까지 배양토 표면에서 2cm 정도가 말라 있을 때 물을 준다. 휴면기인 겨울에는 1~2회만 준다.

영양 공급 봄의 중반부터 늦여름까지 선인장 비료를 3~4주에 한 번씩 준다.

심기와 돌보기 지름 7.5~10cm의 소형 화분을 준비한다. 보호용 장갑을 끼고 선인장 배양토(또는 흙 배양토, 모래, 펄라이트를 3:1:1로 섞은 것)를 넣고 심는다. 햇빛이 드는 창가에 두는데, 한여름에는 창에서 조금 떨어진 곳으로 옮긴다. 겨울에는 서늘하고 밝으며 습도가 낮고 난방이 되지 않는 실내에 둔다. 성장 중에는 해마다, 다 자란 뒤에는 2년마다 옮겨 심는다.

마밀라리아 폴리텔레

작은 기둥 모양으로, 마밀라리아 선인장의 전형적인 모습인 울퉁불퉁한 생김새를 갖고 있다. 분홍색 꽃이 봄부터 여름에 걸쳐 오랫동안 핀다.

마밀라리아 사보아에

독특한 품종으로, 중앙의 골이 진 줄기로부터 작고 둥근 줄기가 나온다. 여름에 분홍색 꽃이 별똥별처럼 피어난다.

백도선선인장
Opuntia microdasys AGM

온도 10~30℃
빛 양지/여름에 반양지
습도 낮음
돌봄 쉬움
키와 너비 30×45cm

초록색의 납작한 타원형 줄기에는
작은 갈고리 모양의 가시가 점점이 박혀 있다.
이것이 토끼 귀처럼 짝을 이루어 자라기 때문에
영어명은 '토끼 귀 선인장'이다.
여름에 노란 꽃이 그릇 모양으로 핀다.

물주기 봄부터 초가을까지
일주일에 한 번, 배양토 표면이
말랐을 때에 준다. 휴면기인 겨울에는
1~2회만 준다.

영양 공급 봄부터 초가을까지
선인장용 비료를 6~8주에 한 번 준다.

심기와 돌보기 뿌리 성장을 방해하지 않을
크기의 화분을 준비한다. 장갑을 끼고
선인장 배양토(또는 흙 배양토, 모래,
펄라이트를 3:1:1로 섞은 것)를 넣고 심는다.
밝은 곳에 두며 여름의 직사광은 피한다.
겨울에는 서늘한 실내에 둔다.
성장 중에는 해마다, 다 자란 뒤에는
2년마다 옮겨 심는다.

금황환선인장
Parodia leninghausii AGM

온도 10~30℃
빛 양지/여름에 반양지
습도 낮음
돌봄 쉬움
키와 너비 45×15cm까지

아담한 크기의 가시 많은 줄기가
모여서 작은 사막 풍경을 만들어낸다.
영어명은 '황금 공 선인장'인데,
사실 공이라기보다는
기둥 모양으로 자라므로 이름이 혼란을
가져오기도 한다. 다 자라면 여름에
털로 뒤덮인 꼭대기에
밝은 노란색 꽃이 핀다.

물주기 봄에서 가을까지
배양토 표면에서 2cm 정도가 말랐을 때 준다.
휴면기인 겨울에는 1~2회만 준다.

영양 공급 봄부터 늦여름까지
선인장 비료를 6~8주에 한 번씩 준다.

심기와 돌보기 선인장 크기에 맞추어
7.5~15cm 정도의 화분을 준비한다.
장갑을 끼고, 화분에 마사토를 한 켜 깔고
그 위에 선인장 배양토(또는 흙 배양토, 모래,
펄라이트를 3:1:1로 섞은 것)를 넣고 심는다.
햇빛이 드는 곳에 두되 여름에는
직사광을 피한다. 겨울에는 밝고
서늘한 곳으로 옮긴다.
성장 중에는 해마다, 다 자란 뒤에는
2년마다 옮겨 심는다.

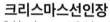

크리스마스선인장
Schlumbergera × *bridgesii*

온도 12~27℃
빛 반양지
습도 중간
돌봄 아주 쉬움
키와 너비 45×45cm

크리스마스 무렵에 밝은 분홍색 꽃이 피어
즐거움을 준다. 열대 선인장으로,
납작하고 마디진 모양의 줄기들이 연중 뻗어 나온다.

물주기 배양토를 촉촉하게 유지하되
과습을 주의한다. 늦겨울에 꽃을 피우고 난
다음에는 휴면기에 들어가므로
몇 주 동안 물의 양을 줄인다. 가을 중반부터
초겨울에 봉오리가 나올 때까지 다시 물주기를
줄인다. 증류수 또는 빗물을 매일 분무하거나,
젖은 자갈이 깔린 받침 위에 둔다.

영양 공급 봄 중반부터 초가을까지
종합 액체 비료를 한 달에 한 번씩 준다.

심기와 돌보기 소형 화분에 선인장 배양토
(또는 흙 배양토, 부엽토, 마사토를
3:1:1로 섞은 것)를 넣고 심는다.
꽃이 피면 서늘한 실내로 옮긴다.
그런 다음 성장기 동안에는 온도를 올려주고,
물주기와 영양 공급을 한다. 초봄에 옮겨 심는다.

다육식물

건조한 것을 좋아하는 다육식물은
성장 에너지가 독특하게 생긴 잎들로 향한다.
키가 크고 뾰족한 것부터 작고 둥글고
벨벳 느낌이 나는 것까지, 모양과 크기가
다양하다. 간혹 꽃이 피는데, 놀랄 만큼 밝은
빛깔을 띠어 다육질의 잎과는
생생한 대조를 이룬다.
기르기 무척 쉽다. 잎이 물 저장소 역할을
완벽히 하기 때문에 오랫동안 방치해두어도
견딜 수 있다. 양지바른 곳에 두고
가끔씩 물을 주면 행복하게 자란다.

까라솔
Aeonium haworthii AGM

온도 10~24℃
빛 양지/반양지
습도 낮음
돌봄 쉬움
키와 너비 60×45cm까지

조각품 같은 모양을 하고 있어서 창가에
여러 식물과 함께 배치하면 높이감과 개성을
더해준다. 길게 뻗은 줄기 끝에 회녹색의 도톰한 잎이
로제트형으로 달린다. 늦은 봄에는 연노랑
혹은 연분홍의 작은 꽃이 잎 위로 피어오른다.
잎 가장자리가 노란색이나 분홍색으로 물드는
종류도 있다.

물주기 가을부터 봄까지 배양토 표면이
말랐다고 느껴질 때 준다. 더운 계절에
휴면 상태에 들어가므로 여름에는 거의
말라 있는 상태로 둔다.

영양 공급 겨울부터 늦봄까지
2배 희석한 종합 액체 비료를
한 달에 한 번씩 준다.

심기와 돌보기 지름 15cm 화분에 선인장
배양토를 넣고 심는다. 밝은 반양지에 두며
여름의 직사광은 피한다.
개화 후에는 로제트형 잎이 죽는데,
새로운 것들이 자라서 그 자리를 대신한다.
2~3년마다 봄에 옮겨 심는다.

흑법사
Aeonium 'Zwartkop' AGM

온도 10~24℃
빛 양지/반양지
습도 낮음
돌봄 쉬움
키와 너비 60×60cm까지

아이오니움 가운데에서도 인기가 높다.
거의 검정에 가까운 진보라색 로제트형의 잎,
여러 갈래로 가지를 치는 키 큰 줄기가
이 조각상 같은 품종의 특징을 이룬다.
다 자라면 초봄에 작은 별 모양의 노란 꽃을 피운다.
실내에서 일 년 내내 키울 수도 있고,
여름에는 야외 테라스에서 키워도 좋다.

물주기 가을부터 봄까지
배양토 표면이 말랐다고 느껴지면 물을 준다.
더운 계절에 휴면에 들어갈 수 있으므로
여름에는 배양토가 거의 말라 있게 둔다.

영양 공급 겨울부터 늦봄까지 2배 희석한
종합 액체 비료를 한 달에 한 번씩 준다.

심기와 돌보기 지름 15cm 화분에
선인장 배양토를 넣고 심는다.
밝은 곳에 두며 여름의 직사광은 피한다.
개화 후에는 로제트형 잎이 죽는데,
새로운 것들이 자라서 그 자리를 대신한다.
2~3년마다 봄에 옮겨 심는다.

용설란
Agave americana AGM

온도 10~30℃
빛 양지/반양지
습도 낮음
돌봄 쉬움
키와 너비 90×90cm까지
주의! 수액에 독성이 있다.

이 뾰족뾰족한 식물은 건조한 지역에서
크고 인상적인 모습으로 자라 공원과 풍경을
아름답게 꾸며준다. 가시가 있는 푸른 잎은
흰 줄무늬를 뽐낸다. 화분에 심어 실내에서 키우면
아담한 크기를 유지할 수 있지만
크게 자랄 여지는 여전히 남아 있다.
그러니 잎을 더 뻗어 빛을 발할 수 있도록
여유 공간을 제공한다.

물주기 가을부터 봄까지 배양토 표면이
말랐다고 느껴지면 물을 준다.
겨울에는 거의 마른 상태로 유지한다.

영양 공급 초봄부터 초가을까지
2배 희석한 종합 액체 비료를 2주에 한 번씩 준다.

심기와 돌보기 뿌리 뭉치 크기에 딱 맞는
화분에 선인장용 배양토를 넣고 심는다.
햇빛이 풍부한 곳 또는 반양지에 둔다.
1~2년마다 옮겨 심는데, 이때 보호용 장갑을
끼도록 한다. 아담한 크기를 유지하려면
화분에서 꺼내 뿌리를 잘라준 다음,
같은 크기 또는 한 단계 큰 화분에
배양토를 보충하여 다시 심는다.

빅토리아용설란
Agave victoriae-reginae AGM

온도 -5~30℃
빛 양지/반양지
습도 낮음
돌봄 쉬움
키와 너비 60×60cm까지
주의! 수액에 독성이 있다.

잎은 도톰하며 삼각형 모양인데,
자세히 살펴보면 가장자리가 하얗고 끝이 검다.
이처럼 세부적인 모습이 잘 보이는 곳에
배치하는 것이 좋다. 돌보기 쉬운 다육식물로,
잎이 만들어내는 돔 모양의 구조는 에케베리아,
아이오니움, 셈페르비붐 등과 어우러질 때
좋은 파트너가 된다.

물주기 가을부터 봄까지
배양토 표면이 말랐다고 느껴지면 물을 준다.
겨울에는 마른 상태로 유지하고,
1~2회만 준다.

영양 공급 봄부터 가을까지의 성장기 동안
2배 희석한 종합 액체 비료를 2~3회 준다.

심기와 돌보기 뿌리 뭉치 크기에
딱 맞는 화분에 선인장 배양토를 넣고 심는다.
햇빛이 풍부한 곳 또는 창가와 같은
밝은 반양지에 둔다. 2~3년마다 또는
뿌리가 엉기면 옮겨 심는다.

알로에 베라
Aloe vera AGM

온도 10~27°C
빛 양지/반양지
습도 낮음
돌봄 쉬움
키와 너비 60×60cm

많은 사람들이 멋지고 뾰족한 초록 잎을 보기 위해 키우지만, 이 구조미 넘치는 식물의 장점은 미적인 매력을 훨씬 넘어선다. 알로에 베라는 공기 정화에 매우 탁월하며, 잎에서 나오는 수액은 햇볕에 탄 피부는 물론이고 화상을 가라앉히는 데 사용된다.

물주기 봄부터 가을까지 배양토 표면이 말랐을 때에 물을 준다. 겨울에는 배양토가 거의 마른 상태로 유지한다.

영양 공급 봄부터 가을까지의 성장기에 2배 희석한 종합 액체 비료를 2~3회 준다.

심기와 돌보기 뿌리 뭉치 크기에 딱 맞는 화분에 선인장 배양토를 넣고 심는다. 밝은 반양지에 두며 여름의 직사광은 피한다. 2~3년마다 봄에 옮겨 심고, 어미 식물 옆에 어린 싹이 나오면 잘라서 다른 화분에 옮겨 심는다.

염자
Crassula ovata AGM

온도 15~25°C
빛 양지/반양지
습도 낮음
돌봄 쉬움
키와 너비 90×90cm
주의! 수액에 독성이 있다.

아시아 몇몇 문화권에서는 '머니 트리'라고 알려져 있는데, 부귀와 영화를 가져온다는 믿음 때문이다. 오랫동안 돌보지 않더라도 병들거나 죽는 일이 거의 없는 것으로도 잘 알려져 있다. 다 자라면 여러 갈래로 뻗은 두툼한 줄기와, 타원형에 가장자리가 붉게 물든 살진 잎을 가지고 있어 아름다운 분재처럼 보인다.

물주기 봄부터 가을까지 배양토 표면이 완전히 말랐을 때에 물을 준다. 겨울에는 잎이 시들지 않을 만큼만 준다.

영양 공급 봄부터 가을까지의 성장기 동안 2배 희석한 종합 액체 비료를 2~3회 준다.

심기와 돌보기 장갑을 끼고, 지름 15~20cm 화분에 흙 배양토와 고운 모래를 3:1로 섞어 넣고 심는다. 2~3년마다 봄에 옮겨 심는다.

에케베리아
Echeveria species

온도 10~30°C
빛 양지/반양지
습도 낮음
돌봄 쉬움
키와 너비 10×30cm까지

작은 수련처럼 아름답게 생긴 다육식물이다.
청록색, 빨간색, 보라색 또는 얼룩무늬가 있는 잎들은
숟가락 모양으로 생겨서 로제트형으로 단단히
결속되어 있다. 서로 다른 색깔과 모양을 골라
(선택지가 수백 가지나 된다) 햇빛이 잘 드는
창가에 배열하거나, 서로 대조를 이루는
다육식물 그룹의 하나로 포함시켜도 좋다.
빛이 풍부한 곳에서 키우면 로제트형의 중앙에서
분홍색 또는 노란색 줄기가 길게 뻗어 나오고,
그 끝에 등불 모양의 꽃이 핀다.

물주기 봄부터 가을까지
배양토 표면이 말랐을 때에 물을 준다.
휴면기인 겨울에는 주지 않는다.

영양 공급 봄부터 가을까지의 성장기 동안
2배 희석한 종합 액체 비료를 2~3회 준다.

심기와 돌보기 지름 10~20cm 화분에
흙 배양토와 고운 모래를 3:1로 섞어 넣고 심는다.
밝은 반양지에 두고 여름의 직사광은 피한다.
휴면기인 겨울에는 서늘하고
햇빛이 드는 곳에 둔다. 2~3년마다 봄에,
또는 뿌리가 엉기면 옮겨 심는다.
어미 식물 곁에서 어린 싹들이 종종 나오는데
그대로 두어 그룹의 크기를 키울 수도 있고,
따로 떼어서 다른 화분에 심을 수도 있다.

에케베리아 아가보이데스 '타우루스'

짙은 버건디레드 빛깔의 잎이
로제트형을 이루며 난다.
여름에는 길쭉한 줄기가 자라
그 끝에 빨간색과 노란색 꽃이 핀다.

에케베리아 엘레강스

에케베리아 가운데 인기가 높은 종류로 우아한 모습을 자랑한다.
청녹색 잎의 가장자리는 버건디색이다.
여름에는 분홍색 줄기가 길게 자라 그 끝에 분홍색과 노란색 꽃이 핀다.

에케베리아 글라우카

청회색 잎을 볼 수 있는 잘생긴 다육식물.
잎은 대부분의 에케베리아보다 납작하게 생겼으며,
아름다운 로제트형을 이룬다.
여름에 노란색의 긴 줄기가 자라
그 끝에 붉은색과 노란색의 단아한 꽃이 핀다.

대극
Euphorbia species

온도 10~30℃
빛 양지/반양지
습도 낮음
돌봄 쉬움
키와 너비 90×60cm까지
주의! 수액에 독성이 있다.

대극과 식물을 정의하는 일은 불가능하다.
크기도 모양도 다양한 이질적인 종들을
무수히 많이 포함하고 있기 때문이다.
실내 식물로 재배하는 것으로는 다부지게 생긴
채운각과 여러 종류의 선인장을 닮은 것들,
잎이 없고 독특하게 생긴 청산호 등이 있다.
이들은 양지에서 잘 자라며 건조함도 잘 견딘다.

물주기 봄부터 가을까지는
배양토 표면이 완전히 말랐을 때에 물을 준다.
겨울에는 배양토를 거의 마른 상태로 유지한다.

영양 공급 봄부터 가을까지
2배 희석한 종합 액체 비료를
한 달에 한 번씩 준다.

심기와 돌보기 뿌리 뭉치 크기에 맞는 화분에
선인장 배양토(또는 흙 배양토와 원예용
마사토를 2:1로 섞은 것)를 넣고 심는다.
햇빛이 충분히 드는 곳에 둔다.
수액에 피부 염증을 유발하는 물질이 있으므로
다룰 때는 장갑을 낀다.
2~3년마다 옮겨 심는다.

청산호

겨울을 맞이한 낙엽성 관목처럼 생겼다.
작은 잎들이 금세 떨어져버려서 부드럽고
질감이 느껴지는 줄기가 앙상한 실루엣을 드러낸다.

홍채각

가시 돋친 모습이 꼭 선인장 같지만 위장한 것뿐이다.
골 진 모양의 회녹색 줄기는 붉은 가시로 덮여 있는데
키가 30cm까지 자란다.

채운각

가시 돋친 진녹색 줄기가 인상적인데
선인장을 흉내 낸 것 같다.
손가락처럼 생긴 잎이 돋아나 매력을 더한다.

벨루스
Graptopetalum bellum AGM

온도 10~27℃
빛 양지/반양지
습도 낮음
돌봄 쉬움
키와 너비 15×10cm

하얀 테두리가 있는 초록색 잎들이
로제트형으로 빽빽하게 모여 있다.
이것만으로는 그다지 내세울 것이 없어 보이지만,
꽃이 고개를 내밀면 모든 것이 달라진다.
별 모양의 분홍색 꽃들이 로제트 중앙으로부터
길게 뻗은 줄기 위에서 작은 폭죽처럼 뿜어져 나온다.
햇빛이 잘 드는 선반 위에 여러 개를 함께 두면
효과가 더욱 강조된다.

물주기 봄부터 가을까지
배양토 표면이 말랐을 때에 물을 준다.
겨울에는 배양토가 완전히 마르지 않을
만큼만 준다.

영양 공급 봄부터 가을까지의 성장기에
2배 희석한 종합 액체 비료를 2~3회 준다.

심기와 돌보기 지름 10~12.5cm 화분에
선인장 배양토(또는 흙 배양토와 원예용
마사토를 2:1로 섞은 것)를 넣고 심는다.
햇빛이 풍부한 곳이나,
창문과 가까운 밝은 반양지에 둔다.
성장이 느리므로 약 3년마다
뿌리가 엉겼을 때만 옮겨 심는다.

하워시아 아테누아타
Haworthia attenuata 'Striata'

온도 12~26°C
빛 양지/반양지
습도 낮음
돌봄 쉬움
키와 너비 20×15cm까지

뾰족한 줄기가 특징인데 창가에
둥근 모양의 다육식물과 함께 디스플레이하면
두드러진 대조를 이룬다.
어떤 것은 하얀색 줄무늬를,
어떤 것은 붉은색 돌기를 지니고 있어
질감을 풍부하게 만들어준다.
다 자라면 여름에 긴 관 모양의 가느다란
줄기에서 하얀 꽃이 피기도 한다.

물주기 봄부터 가을까지
배양토 표면이 말랐을 때에 물을 준다.
겨울에는 양을 줄여서
배양토가 완전히 마르지 않을 만큼만 준다.

영양 공급 봄부터 가을까지
2배 희석한 종합 액체 비료를
한 달에 한 번씩 준다.

심기와 돌보기 지름 7.5~10cm 화분에
선인장 배양토(또는 화분용 흙 배양토와
원예용 마사토를 2:1로 섞은 것)를 넣고 심는다.
햇빛이 풍부하게 드는 곳이나 반양지,
창가나 그와 가까운 곳에 둔다.
뿌리가 엉겼을 때에 2~3년에 한 번씩
옮겨 심는다.

칼랑코에
Kalanchoe blossfeldiana AGM

온도 12~26°C
빛 양지/반양지
습도 낮음
돌봄 쉬움
키와 너비 45×30cm
주의! 모든 부위에 반려동물에
해로운 독성이 있다.

봄과 여름에 밝은 색깔의 꽃들이 피어나
둥글고 도톰한 초록색 잎들과 대조를 이루며
아름다움을 뽐낸다. 빨간색, 분홍색,
하얀색 꽃들은 길면 12주 동안 지속되는데,
다시 피우는 일이 좀처럼 없어서
해마다 교체해야 할 수도 있다.

물주기 봄부터 여름까지 배양토 표면이
말랐다고 느껴질 때 아래에서 물을 준다.
잎 사이에 물이 들어가면 썩을 수 있으니
주의한다. 가을부터 겨울 동안에는 배양토를
거의 마른 상태로 유지한다.

영양 공급 봄부터 여름까지
2배 희석한 종합 액체 비료를 2주에 한 번씩 준다.

심기와 돌보기 지름 10~15cm 화분에
선인장 배양토(또는 화분용 흙 배양토와
원예용 마사토를 2:1로 섞은 것)를 넣고 심는다.
꽃을 피우고 난 뒤에는 꽃줄기를 잘라준다.
해마다 한 단계 큰 화분에 옮겨 심거나,
해마다 새 식물로 교체한다.

백은무
Kalanchoe pumila AGM

온도 10~27°C
빛 양지/반양지
습도 낮음
돌봄 쉬움
키와 너비 45×45cm
주의! 모든 부위에 반려동물에
해로운 독성이 있다.

여러 종류의 칼랑코에 가운데 오직 하나만
골라야 한다면 백은무가 첫손에 꼽힐 것이다.
가루를 뒤집어쓴 듯한 하얀 잎은 가장자리가
핑킹가위로 자른 것처럼 톱니 모양이다.
여름에 가느다란 줄기에서 작은 별 같은
분홍색 꽃이 무리 지어 핀다.

물주기 봄부터 여름까지
배양토 표면이 말랐다고 느껴질 때
아래에서 물을 준다. 가을부터 겨울 동안에는
배양토를 거의 마른 상태로 유지한다.

영양 공급 봄부터 늦여름까지
2배 희석한 종합 액체 비료를
한 달에 한 번씩 준다.

심기와 돌보기 지름 10~20cm 화분에
선인장 배양토(또는 화분용 흙 배양토와
원예용 마사토를 2:1로 섞은 것)를 넣고 심는다.
햇빛이 풍부하고 환기가 잘되는 실내에 둔다.
뿌리가 엉기면 2~3년마다 봄에 옮겨 심는다.

월토이
Kalanchoe tomentosa AGM

온도 15~23℃
빛 양지/반양지
습도 낮음
돌봄 쉬움
키와 너비 60×60cm까지
주의! 모든 부위에 반려동물에
해로운 독성이 있다.

벨벳 같은 회색 잎의 가장자리에
갈색 점들이 박혀 있어서 이 독특한 식물의
개성 있는 촉감을 형성한다.
잎이 잘 자라는 식물로 크게 자라
나무 같은 실루엣을 보여주기도 한다.
실내에서는 좀처럼 꽃을 피우지 않는다.

물주기 봄부터 여름까지 배양토 표면이
말랐다고 느껴질 때 잎이 젖지 않도록
유의하면서 아래에서 물을 준다.
가을과 겨울에는 배양토를 거의 마른 상태로
유지한다.

영양 공급 봄부터 늦여름까지
2배 희석한 종합 액체 비료를
한 달에 한 번씩 준다.

심기와 돌보기 지름 10~20cm 화분에
선인장 배양토(또는 화분용 흙 배양토와 원예용
마사토를 2:1로 섞은 것)를 넣고 심는다.
햇빛이 풍부하고 환기가 잘되는 실내에 둔다.
뿌리가 엉기면 3년마다 봄에 옮겨 심는다.

다육식물과 선인장 | 물과 불의 조화

리톱스
Lithops species

온도 18~26℃
빛 양지
습도 낮음
돌봄 쉬움
키와 너비 15×7.5cm

남아프리카 원산으로, 잎사귀 없는 잎자루가 작고
위가 평평한 돌을 닮았다. 민무늬의 회녹색 타입 또는
얼룩무늬 등의 무늬가 있는 타입 가운데 고를 수 있다.
가을에 데이지처럼 생긴 흰 꽃이 잎자루 한가운데의
주름에서 나온다. 아이들도 재미있어 하는 이 식물은
특별한 주의가 필요 없고 키우기도 아주 쉽다.

물주기 겨울부터 늦여름까지
잎자루가 오그라들기 시작할 때만 준다.
가을에는 물의 양을 약간 늘려
잎자루가 단단한 상태를 유지하도록 한다.

영양 공급 가을에 4배 희석한
종합 액체 비료를 한 번 준다.

심기와 돌보기 지름 7.5~10cm 화분에
선인장 배양토(또는 화분용 흙 배양토와 원예용
마사토를 2:1로 섞은 것)를 넣고 심는다.
햇빛이 풍부하게 드는 곳에 두는데,
특히 계속 자라는 겨울에는
햇빛이 더욱 필요하다. 여러 해 동안
옮겨 심지 않아도 괜찮으며,
작은 화분에 개별적으로 심는 것을 좋아한다.
옮겨 심는다면 물 주는 양을 늘리기 전인
늦겨울이 알맞다.

성미인
Pachyphytum oviferum AGM

온도 10~27℃
빛 양지
습도 낮음
돌봄 쉬움
키와 너비 10×30cm
주의! 모든 부위에 반려동물에
해로운 독성이 있다.

마치 화분 위에 해변의 자갈을 한 움큼 올려놓은
것처럼 생겼다. 크기는 아주 작지만 이야기 소재로
삼기에는 충분하다고 장담할 수 있다.
통통하고 둥근 이파리들은 옅은 청록색
또는 청보라색을 띤다. 겨울에는 더욱 놀라운 모습을
보여주는데, 줄기가 최대 30cm까지 자라서
그 끝에 주황색이 감도는 빨간 꽃이 달린다.

물주기 배양토가 말랐을 때 물을 주며,
잎에는 물이 닿지 않도록 주의한다.
성장기인 겨울에는 양을 조금 늘린다.

영양 공급 겨울에 4배 희석한
종합 액체 비료를 한 번 준다.
영양 공급을 하지 않아도 별 영향을 받지 않는다.

심기와 돌보기 지름 7.5~10cm 화분에
선인장 배양토(또는 화분용 흙 배양토와
원예용 마사토를 2:1로 섞은 것)를 넣고 심는다.
햇빛이 풍부하게 드는 곳에 두는데,
특히 성장기인 겨울에는 햇빛이 더욱 필요하다.
꽃이 핀 다음 뿌리가 엉겼을 때만
옮겨 심는다.

셈페르비붐
Sempervivum species AGM

온도 10~27℃
빛 양지/반양지
습도 낮음
돌봄 쉬움
키와 너비 20×30cm까지

이 작은 다육식물의 나선형 잎들은
초록색, 빨간색, 버건디색, 회색 등
아주 다양한 색조를 띤다. 많은 변종들이
매력적인 얼룩무늬를 가지고 있으며,
어떤 것들은 미세한 털로 덮여 있다.
여름에 통통한 줄기에서 별 모양 꽃이 핀다.

물주기 봄부터 가을까지
배양토 표면이 말랐을 때에 물을 준다.
겨울에는 한 달에 한 번씩 준다.

영양 공급 봄부터 가을까지
2배 희석한 종합 액체 비료를
한 달에 한 번씩 준다.

심기와 돌보기 지름 7.5~10cm 화분에
흙 배양토와 모래를 2:1로 섞어 넣고 심는다.
햇빛이 풍부하게 드는 곳에 둔다.
로제트형 잎은 꽃이 핀 뒤에 죽는데,
새잎이 나와 그 자리를 대신한다.
뿌리가 엉기면 2~3년마다 옮겨 심는다.

옥주염
Sedum morganianum AGM

온도 10~27℃
빛 양지/반양지
습도 낮음
돌봄 쉬움
키와 너비 10×30cm

멕시코 원산으로 대단한 매력을 지니고 있다.
작고 둥근 잎들이 달려 밧줄 같은 모양을 이루고 있어
놀라운 질감 효과를 만들어낸다.
선반이나 창가에 두면 많은 주목을 끌 수 있다.
잎이 부러지기 쉬우므로 조심해서 다루어야 한다.
줄기 끝에서 작은 꽃이 피는데,
실내에서 키우면 보기 힘들다.

물주기 봄부터 가을까지
배양토 표면이 말랐을 때에 준다.
겨울에는 한 달에 한 번씩 준다.

영양 공급 봄부터 가을까지
2배 희석한 종합 액체 비료를
한 달에 한 번씩 준다.

심기와 돌보기 지름 7.5~10cm의 소형 화분에
선인장 배양토(또는 화분용 흙 배양토와 원예용
마사토를 2:1로 섞은 것)를 넣고 심는다.
밝은 곳에 두되, 여름 한낮의 강한 햇빛은 피한다.
2~3년에 한 번씩 뿌리가 엉겼을 때만
봄에 옮겨 심는다.

온도 15~24°C
빛 반양지
습도 높음
돌봄 쉬움
키와 너비 10×45cm

이 작은 식물들의 잎은 은빛 나는 뾰족뾰족한 것부터
가늘고 곱슬거리는 것에 이르기까지
다양한 모습을 보여준다. 대부분은 해마다
꽃을 피우며, 어떤 것은 놀랄 만큼 크고 화려하다.
모든 브로멜리아드가 그러듯이
꽃이 핀 다음에는 식물이 죽지만, 어린 싹이 나와
그 자리를 대신한다.(206~207쪽 참조)

물주기 일주일에 한 번, 미지근한 빗물이나
증류수가 담긴 쟁반에 30분에서
한 시간 정도 담갔다가 물을 뺀다.(185쪽 참조)
이때 꽃이 젖지 않도록 식물을 받쳐준다.

영양 공급 틸란드시아 전용 비료를
한 달에 한 번씩 분무한다.

심기와 돌보기 유리 항아리 또는
조개껍데기에 담거나, 유목이나 나무껍질,
장식용 받침 위에 올려둔다.
접착제는 사용하지 않는다.
습기 있는 곳에 두며, 직사광을 피하고
난방기와도 멀리 떨어뜨려 둔다.

착생식물

작은 보물 같은 이 식물들은 문자 그대로
희박한 공기 중에서도 살 수 있으며,
흙이나 배양토를 필요로 하지 않는다.
모양과 크기가 매우 다양해서
어떤 것은 작은 성게를 닮았고,
어떤 것은 착생식물의 친척뻘인
브로멜리아드(102~105쪽 참조)와 더 비슷하다.
다 자라면 꽃을 아름답게 피워서, 이국적이고
화려한 꽃들로 실내가 환하게 밝아질 것이다.
몇몇 종은 돌보기 쉬우므로 초보자도 실망하는 일
거의 없이 키울 수 있다.

틸란드시아 애란토스

해마다 꽃을 볼 수 있다.
방사형으로 뻗은 뻣뻣한 초록색 잎 사이에서
분홍색과 보라색 꽃이 피어난다.

틸란드시아
Tillandsia species and hybrids

틸란드시아 아르겐테아

틸란드시아 키아네아

틸란드시아 테누이폴리아

가는 침처럼 생긴 잎이 중심으로부터 퍼져 나오는 모습이 마치 성게 같다. 다 자라면 길고 가는 모양의 붉은색 두상화가 나오는데, 여기에서 작은 보라색 꽃이 피어나면 눈길을 사로잡을 것이다.

매우 인기가 높은 착생식물이다. 띠처럼 생긴 진녹색 잎과 타원형 모양의 두상화를 가지고 있다. 두상화는 분홍색 포엽(꽃잎처럼 보이는 변화된 잎)과 작은 청보라색 꽃으로 이루어져 있다.

초록색의 뾰족한 잎들이 금세 자라 무리를 짓는다. 조금 소홀히 했더라도 물을 주면 빠르게 되살아난다. 분홍색 꽃차례가 별똥별처럼 생겼는데, 그 끝에 관 모양의 보라색 꽃이 핀다.

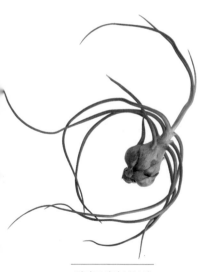

틸란드시아 불보사

틸란드시아 융케아

틸란드시아 세로그라피카

굽은 다리를 가진 거미처럼 길고 가는 잎이 알뿌리 모양의 중심부로부터 자란다. 초봄에 관 모양의 분홍색과 보라색 꽃이 나온다. 꽃봉오리가 형성될 때는 잎도 붉은색으로 변한다.

이 우아한 식물의 작고 아담하며 은빛이 도는 잎은 말라버리기 쉬우므로 매주 규칙적으로 물을 줘야 한다. 꽃이 피어날 때면 보라색과 분홍색의 작은 립스틱이 줄지어 있는 것처럼 보인다.

필수 목록에 빠지지 않는 식물로, 은빛 잎이 동그랗게 말리며 뻗어나가 빽빽한 무리를 형성한다. 다른 종류에 비해 물을 덜 주어도 되므로 물에 담그지 않고 정기적으로 분무만 해도 좋다. 다 자란 개체에서는 보라색 꽃이 피어 오래 지속된다.

돌보기와 재배하기

새 실내 식물 사기

화원이나 종묘장을 찾아가서 좋아하는 식물들을 고르는 일은 참으로 즐겁다.
하지만 돈을 건네기 전에 사려는 식물이 집에서도 잘 자랄 만큼 건강한지
아래의 도움말들을 참고해 확인하라. 오른쪽 페이지의 도구 상자도 한번 체크해서
새로 산 식물들을 돌보는 데 필요한 것들을 고르라.

가게에서

좋아하는 식물들의 쇼핑 목록을 작성해
종묘장이나 원예 용품점에 갈 때 반드시
지참한다. 그곳에서 목록에 없는 식물과
사랑에 빠져버렸다면, 바로 사지 말고
이름표를 주의 깊게 확인하거나 먼저
직원에게 그 식물이 원하는 환경을 집에서
마련해줄 수 있는지 물어보라. 잘 돌볼 수
있다는 확신이 들면 철저히 건강 점검
(오른쪽 체크리스트 참조)을 한 다음,
화분 아래쪽에 배수공이 있는지 살펴본다.
없으면 집에 와서 분갈이해준다.
배수공이 없어서 식물이 물에 잠기면
진균병에 잘 걸리기 때문이다.

건강 체크하기

이 체크리스트를 활용하여
사려는 식물을 면밀하게 점검하라.
해충이나 질병의 징후가
조금이라도 보이면 포기하라.
(214~219쪽 참조)

1 시드는 조짐이 있는지 체크한다.
뿌리 해충이 있다는 신호일 수 있다.

2 잎, 줄기, 또는 꽃에
질병이나 바이러스의 징후일 수 있는
검은 반점이나 줄무늬가 없는지
살펴본다.

3 해충이나 해충으로 인한
손상이 있는지 잎과 줄기의
아랫면을 조사한다.

4 해충이 있는지 배양토를 체크한다.

5 가능하다면 식물을 화분에서 꺼내
뿌리가 화분에 꽉 차도록
엉겨 있지 않은지 확인한다.

집으로 가져오기

주거 환경에 따라서는 겨울에 추위에 약한
식물을 셀로판으로 감싸 보호해줄 필요가
있다. 아주 잠깐이라도 영하의 온도에
노출시키지 않는다. 추위에 약한 식물에게는
치명적일 수 있다.
이상이 있어 보이는 잎이나 꽃줄기가 집으로
오는 도중에 상처를 입으면,
건강한 부위나 밑동까지 잘라내
상처를 통한 감염을 막는다.

집에서

포장을 벗기고, 필요할 경우 분갈이한다.
(왼쪽 사진 참조) 플라스틱 화분에 든 식물을
업계에서 '슬리브(sleeve)'라고 부르는 방수
화분에 넣거나 화분 받침 위에 올린다.
이어서 적절한 양의 물을 주고
(184~187쪽 참조) 배수가 되게 놓아둔다.
마지막으로, 식물에 필요한 다른 사항들을
점검한 다음(100~175쪽의 「실내 식물
프로필」 참조), 잘 자라기에 가장 알맞은
빛과 온도를 제공하는 장소에 둔다.

배수공 확인하기
화분에 식물이 썩는 것을 막아줄
배수공이 있는지 확인한다.
만일 없다면 집에 와서
배수가 되는 화분에 분갈이한다.

실내 식물 도구 상자

아래의 도구와 재료가 있다면 대부분의 실내 식물을 돌보는
데 필요한 장비를 다 갖춘 것이다.

꼭지가 달린
작은 물뿌리개

장식용 방수 화분과
배수를 위한
물받이 쟁반

배양토에
씨앗이나
모종을 심을
구멍을 내는 데
쓰는 디버

작은
화분용
모종삽

자갈

좀 더 큰
식물을
위한
모종삽

분무기

날카로운
작은 칼

가지치기용
전지가위

작은
흙갈퀴

잎을 닦는 데 쓰는
부드러운 천

선인장이나
예민한
식물에서
배양토를
털어내는 솔

채광 조절

적합한 일조량을 확보하는 것은 식물이 오랫동안 건강하게 자라는 데 꼭 필요하다. 햇빛은 식물에 에너지를 제공한다. 햇빛이 부족하면 개화 능력이 떨어지고, 반대로 햇빛이 지나치면 잎이 시들거나 말라버린다. 따라서 실내의 일조량을 조사해서 각 식물에 맞는 이상적인 장소를 찾아야 한다.

완벽한 장소 선택하기

사방에 창이 있는 밝은 집에 살든, 아니면 햇빛이 곧바로 드는 곳이 거의 또는 전혀 없는 작은 공동주택에 살든 간에 각 환경에 맞는 식물들은 있기 마련이다. 오른쪽 평면도를 활용해 생활공간의 채광 수준을 확인하라. 각각의 조건에 가장 적합한 식물을 선택할 수 있을 것이다. 이때 이웃한 건물들이나 키 큰 나무들이 하루 중에 그늘을 더 만들어낼 수 있다는 점을 반드시 고려해야 한다. 또 일조량은 계절에 따라 달라질 수 있다는 점도 기억하자.

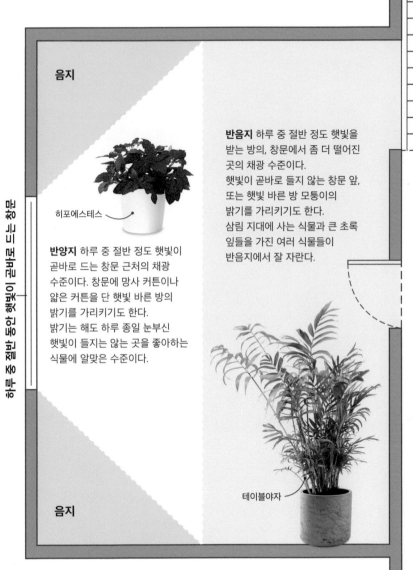

음지

반음지 하루 중 절반 정도 햇빛을 받는 방의, 창문에서 좀 더 떨어진 곳의 채광 수준이다. 햇빛이 곧바로 들지 않는 창문 앞, 또는 햇빛 바른 방 모퉁이의 밝기를 가리키기도 한다. 삼림 지대에 사는 식물과 큰 초록 잎들을 가진 여러 식물들이 반음지에서 잘 자란다.

히포에스테스

반양지 하루 중 절반 정도 햇빛이 곧바로 드는 창문 근처의 채광 수준이다. 창문에 망사 커튼이나 얇은 커튼을 단 햇빛 바른 방의 밝기를 가리키기도 한다. 밝기는 해도 하루 종일 눈부신 햇빛이 들지는 않는 곳을 좋아하는 식물에 알맞은 수준이다.

하루 중 절반 동안 햇빛이 곧바로 드는 창문

테이블야자

음지

채광 수준 알아보기 ▲
이 평면도는 「실내 식물 프로파일」(100~175쪽)에서 설명한 대로 건물의 세 측면에 난 창문들에서 서로 다른 수준의 빛이 들어오는 한 집 안을 보여주고 있다. 한 방에 최대 세 가지 채광 수준이 존재할 수 있다는 점에 주목하자.

작은 창이 달린 현관문

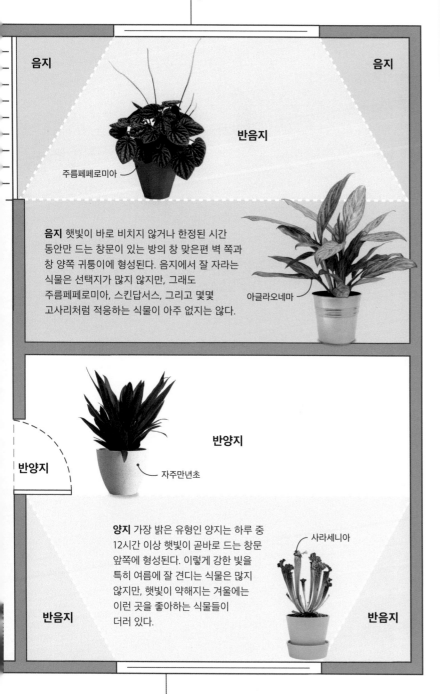

햇빛이 곧바로 들지 않는
창문

음지

음지

반음지

주름페페로미아

음지 햇빛이 바로 비치지 않거나 한정된 시간
동안만 드는 창문이 있는 방의 창 맞은편 벽 쪽과
창 양쪽 귀퉁이에 형성된다. 음지에서 잘 자라는
식물은 선택지가 많지 않지만, 그래도
주름페페로미아, 스킨답서스, 그리고 몇몇
고사리처럼 적응하는 식물이 아주 없지는 않다.

아글라오네마

반양지

자주만년초

반양지

양지 가장 밝은 유형인 양지는 하루 중
12시간 이상 햇빛이 곧바로 드는 창문
앞쪽에 형성된다. 이렇게 강한 빛을
특히 여름에 잘 견디는 식물은 많지
않지만, 햇빛이 약해지는 겨울에는
이런 곳을 좋아하는 식물들이
더러 있다.

사라세니아

반음지

반음지

거의 하루 종일 햇빛이
곧바로 드는 창문

채광 수준을
높이는 요령

1 식물이 더 많은 빛을 받을 수 있도록
잎들을 정기적으로 닦아준다.
부드러운 젖은 천으로
잎에 상처가 나지 않게 주의하면서
먼지를 제거한다.

2 생활공간의 채광 수준과 상관없이,
식물의 모든 면이 햇빛을 충분히 받아
고르게 자라도록 며칠에 한 번
화분을 90°씩 돌려준다.
그러면 식물이 비뚤게 자라는 것을
막을 수 있다.(212쪽을 보라.)

3 계절에 따른 일조량 변화에 주목한다.
계절 변화가 뚜렷한 나라들에서는
여름에는 볕이 강하고 겨울에는
약해지면서 낮의 길이도 짧아진다.
이런 곳에서는 반양지를 좋아하는 식물을
겨울에는 볕이 드는 창문에 더 가까이
둘 필요가 있다. 또 밤에는 커튼 뒤의
차가운 창턱 위에 둔 채로
방치하지 말아야 한다. 온도가 급격히
떨어지면 식물이 냉해를 입을 수도 있다.

4 "식물 생장 촉진 램프"라고도 부르는
인공조명을 이용하여 생활공간의 낮은
채광 수준을 끌어올린다.
이는 햇빛의 광선을 본뜬 것이다.
홈 가드너를 위한 설치가 간편한 장치들이
시중에 많이 나와 있다.
다만 사기 전에 항상 판매자들의 조언을
잘 들어야 한다. 재배하려는 식물에
맞지 않게 너무 많거나 너무 적은 빛을
낼 수도 있기 때문이다.

☐ 양지

☐ 반양지

☐ 반음지

☐ 음지

온도 체크하기

대부분의 실내 식물들은 따뜻한 집 안에서 아주 행복하게 잘 자란다. 하지만 너무 덥거나 추운 곳에서는 고통 받을 수 있다. 식물이 좋아하는 온도(100~175쪽 참조)를 체크하고, 아래의 도움말을 활용해 가장 완벽한 디스플레이 장소를 찾으라.

" 열대식물은 열원에서 떨어진 외풍 없는 곳에 두라."

최적의 온도 제공하기

많은 실내 식물들이 비교적 넓은 온도 범위에 잘 적응하지만 「실내 식물 프로파일」(100~175쪽)에 제시된, 어떤 식물이 요구하는 특정한 온도도 항상 체크해두어야 한다. 실내 식물 중에는 열대 지방에서 온 것들이 많아서, 아주 낮은 온도에서 장시간 견딜 수 있는 식물은 거의 없다. 또한 더운 날씨가 지속되면 어떤 식물들은 급속히 시들어 말라 죽을 수 있다. 적절한 온도를 잘 알 수 없을 때 가장 안전하다고 할 수 있는 온도 범위는 12~24℃이다. 이 범위 내의 온도에서는 대부분의 식물이 살아갈 수 있다.

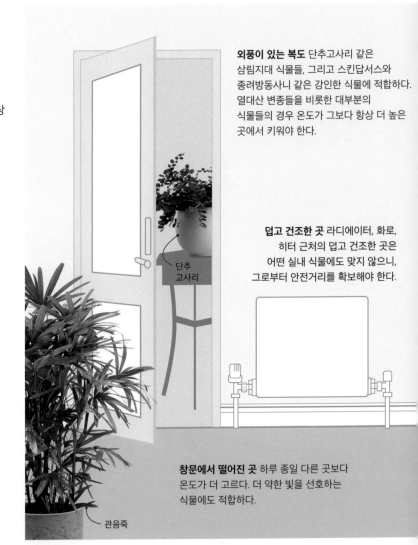

외풍이 있는 복도 단추고사리 같은 삼림지대 식물들, 그리고 스킨답서스와 종려방동사니 같은 강인한 식물에 적합하다. 열대산 변종들을 비롯한 대부분의 식물들의 경우 온도가 그보다 항상 더 높은 곳에서 키워야 한다.

덥고 건조한 곳 라디에이터, 화로, 히터 근처의 덥고 건조한 곳은 어떤 실내 식물에도 맞지 않으니, 그로부터 안전거리를 확보해야 한다.

단추 고사리

창문에서 떨어진 곳 하루 종일 다른 곳보다 온도가 더 고르다. 더 약한 빛을 선호하는 식물에도 적합하다.

관음죽

온도가 적당한 곳 찾기 ▶
그림에서 열기와 외풍의 다양한 발생원을 확인하여 식물에 가장 적합한 디스플레이 장소를 찾으라.

정상적인 온도 변화

모든 식물은 어느 정도의 온도 변화에는 적응하게 되어 있다. 하지만 장기간에 걸친 변화인 경우, 식물의 최저·최고 온도 기준에서 벗어나지 말아야 한다. (100~175쪽의 「실내 식물 프로파일」을 보라.) 안 그러면 식물이 해를 입을 수 있다. (213쪽 참조)

낮과 밤의 온도 변화 이때의 5~10℃ 기온 저하는 대부분의 식물에게 정상적 온도 변화이다. 자연에서 경험할 만한 변화이기 때문이다. 하지만 심비디움(오른쪽 사진)을

비롯한 몇몇 식물은 밤에 기온이 10℃ 이상 떨어져야 꽃을 피운다.(197쪽 참조)

계절적인 온도 변화 대부분의 식물이, 심지어 난방이 되는 실내에서 자라는 식물들까지 이 변화를 느낄 수 있어서, 많은 식물이 겨울에는 성장 속도를 늦춘다. 어떤 식물들은 동면 상태에 들어감으로써 차가운 날씨에 적응한다. 그런 식물은 동면기에 난방이 되지 않는 곳으로 옮겨주어야 한다.

심비디움

열기가 올라오는 상층부
난방이 되는 방 안에서는 천장에 가까울수록 더 따뜻해진다. 같은 방 안에서도 매달아 키우는 식물에 더 자주 물을 주고 분무해준다.

립스틱플랜트

이상적인 곳
대부분의 실내 식물에게는 볕이 드는 창문에서 약간 떨어지고 히터나 라디에이터에서 멀리 떨어진 곳이 이상적이다.

칼라디움

렉스 베고니아

창턱 온도 변화가 심한 곳으로, 이중창 창턱조차 그렇다. 여름에는 너무 뜨겁다가 겨울에는 아주 찰 수 있다. 더운 날에는 창문을 열거나 에어컨을 켜서 방을 시원하게 해주고, 겨울에는 창문과 커튼 사이에 식물을 방치하지 않는다.

물주기

대부분의 실내 식물들에 물을 주는 방법은 각 개체의 요구를
잘 이해하기만 하면 아주 쉽다. 두세 가지 규칙만 따르면,
식물이 잘 자라는 데 딱 맞는 수분을 제공할 수 있을 것이다.

물을 주어야 할 때

대부분의 실내 식물이 성장기인 봄과 여름에 배양토가 축축한 상태를
좋아하지만, 물을 너무 많이 주지 않도록 주의해야 한다.
흠뻑 젖어 물이 흥건한 배양토가 질병을 유발해 식물에 치명적일 수 있는
반면, 조금 건조해서 생기는 문제는 쉽게 바로잡을 수 있다.
배양토가 너무 습하지 않게 하려면 바닥에 배수공이 있는 화분에
식물을 키워야 한다. 또, 물을 주고서 한 시간쯤 뒤에 장식용 슬리브나
화분 받침에 남아 있는 여분의 물을 따라 버려야 한다.

물 주는 방법

식물이 최상의 컨디션을 유지할 수 있도록,
「실내 식물 프로파일」(100~175쪽)의
각 식물에 관한 구체적인 도움말을 참조하라.
그리고 오른쪽에 간단히 정리해둔 다섯 가지
방법 가운데 자기 식물에 알맞은 방법을
찾아 활용하라.

물주기의 황금률

1 식물이 물에 잠기지 않도록 배수공이
있는 화분에 키운다.

2 대부분의 식물은 봄과 여름에 2~4일에
한 번 또는 필요하다고 생각될 때
배양토가 촉촉하되 물이 고이지는 않을
정도로 물을 준다.

3 사막 선인장과 다육식물들은
그보다 덜 자주, 배양토 표면이
말랐다고 생각될 때에만 물을 준다.

4 식물의 성장이 느려지고 기온이
낮아지는 겨울에는 물 주는 횟수를 줄인다.

5 배양토가 질척거리지 않도록
슬리브나 화분 받침에 있는
여분의 물을 따라낸다.

6 부드럽고 솜털이 난 잎을 가진
관엽식물이나 다육식물,
선인장의 잎과 줄기에는 물을 주지 않는다.

7 「실내 식물 프로파일」(100~175쪽)을
참고해 식물이 빗물을 좋아하는지
아니면 증류수를 좋아하는지 체크한다.

위에서 물주기
잎이 흠뻑 젖은 상태를 좋아하는 식물은 위에서
물을 준다. 대부분의 열대식물과 고사리류가
이 범주에 속한다. 다만 배양토까지 흠뻑 적시지
않으면 잎에 준 물이 뿌리까지 전달되지 않을
우려가 있다.

아래에서 물주기
배수공이 난 화분에 키우는 식물을 약 2cm
깊이의 물이 담긴 쟁반 안에 놓는다.
20분 동안 두었다가 꺼내서 물을 빼준다.
아프리칸바이올렛처럼 잎과 줄기가 젖는 것을
좋아하지 않는 식물, 또는 잎이 배양토를 덮고
있는 식물에 이 방법을 사용한다.

"물을 너무 많이 주지 말자.
흠뻑 젖은 배양토가 마른 배양토보다
훨씬 더 빨리 식물에 해를 끼친다."

썩음 방지

건조한 상태를 좋아하는 선인장과 다육식물들은 잎과 줄기가 항상 말라 있는 것을 좋아한다. 그래서 분갈이할 때 배양토 위에 '멀치(mulch)'라고 부르는 잔자갈을 한 층 깔아준다. 멀치는 물이 빨리 빠지도록 도와서 식물이 썩지 않게 해준다.

물기 수준

거의 마른 배양토 표층 아래 2cm까지 마른 상태를 말한다. 그보다 아래쪽은 약간 축축할 수도 있다. 대부분의 다육식물이나 선인장은 물주기 사이에 배양토가 이 정도 말라 있기를 바란다.

배양토 표층이 마른 상태 배양토 표면을 만져보면 말랐다는 것을 느낄 수 있는 상태이다. 다수의 식물이 다시 물을 주기 전에 배양토 표면이 말라 있기를 바란다. 그 밖의 식물들은 성장이 느려지는 겨울에만 이런 정도의 물기가 필요하다.

촉촉한 배양토 배양토를 만져보면 젖은 것을 느낄 수 있지만 물기가 보이거나 물기로 반짝거리지는 않는 상태를 말한다. 화분에 배수공이 있는지 확인하고, 물을 주고 나서 한 시간쯤 뒤에 여분의 물기를 모두 빼준다.

흠뻑 젖은 배양토 물이 흥건해서 배양토 표면이 물기로 반짝거리는 상태이다. 식충식물은 이런 상태를 좋아하는 드문 식물들 가운데 하나이다. 배수공이 있는 화분에 심어 물 쟁반 안에 두라.

잎과 공기뿌리에 분무하기
몇몇 식물들은 잎과 공기뿌리로 습기를 빨아들인다. 난초, 몬스테라, 아레카야자가 그렇다. 잎과 뿌리에 정기적으로 분무하고, 건강하게 자라도록 배양토에도 물을 준다.

브로멜리아드 물주기
대부분의 브로멜리아드는 한복판에 잎과 포엽(꽃잎처럼 생긴, 잎의 변태)으로 된 컵 같은 물 저장소가 있다. 이곳에 빗물이나 증류수를 채우고 몇 주에 한 번씩 물을 보충해준다. 배양토에도 촉촉할 정도로 물을 준다.

착생식물 적시기
착생식물을 물에 적시는 가장 좋은 방법은 일주일에 한 번 빗물이나 증류수를 담은 쟁반에 담그는 것이다. 물에 적신 뒤에는 물기가 빠지게 놔둔다. 4시간쯤 시간을 두고 확실히 마르게 해서 썩는 것을 방지한다. 아니면 일주일에 2~3번 분무해주는 것도 한 방법이다.

외출 시 물주기

어떤 식물들은 긴 휴가 동안 물을 주지
않아도 살 수 있다. 선인장이나 다육식물
중에는 시원하고 밝은 방에 가져다두고
집에 돌아와서 바로 물을 주기만 하면
2~3주 정도는 끄떡없는 것도 많다.
다른 식물들의 경우에는 조치가 필요하다.
집을 비웠을 때 대신 물을 줄 원예에
취미 있는 이웃이나 친구가 없다면,
식물의 건강을 지켜주는 다음과 같은
몇 가지 간단한 요령을 시험해보라.

물병 활용하기
플라스틱 물병의 바닥을 잘라낸 다음,
불에 달군 꼬챙이로 뚜껑에 작은
구멍을 낸다. 뚜껑을 잠그고 배양토에
꽂는다. 물병에 물을 채운다.
이렇게 하면 배양토에 물이 천천히
스며들게 된다. 배양토가 너무 젖지
않게, 화분에 배수공이 있는지
반드시 확인한다.

모세관 시스템
뒤집은 화분 위, 배양토 표면보다
높은 위치에 물그릇을 놓는다.
모세관 노릇을 할 띠를
물그릇에 늘어뜨린 다음
다른 쪽 끝을 배양토에 꽂는다.
이 띠가 식물에 천천히 물을 줄
터이다. 단일 식물이나 옮기기 힘든
큰 식물의 경우, 이 기법이 최상의
방법이다.

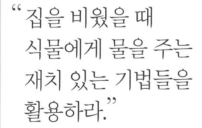

> " 집을 비웠을 때
> 식물에게 물을 주는
> 재치 있는 기법들을
> 활용하라."

물에 쉽게 담그는 방법
부엌 싱크대에 물을 채운다.
매트나 낡은 수건을 싱크대 옆에 깔고
한쪽 끝을 물에 담근다.
식물들을 슬리브에서
꺼내 매트나 수건 위에 둔다.
이렇게 해두면 화분 배수공을 통해
물기가 뿌리까지 전달될 것이다.

습도 높이기

집 안의 건조한 공기는 식물의 성장을
방해함으로써 잎이 마르거나 갈변하게 하는
원인이 될 수 있다. 습기 찬 곳에서 자라는 데
익숙한 많은 열대식물이 건조한 환경에
특히 취약하다. 오른쪽에 제시한 방법들
가운데 한두 가지를 활용해, 열대의 습기 찬
환경을 집 안에 구현해보라.

젖은 자갈이 담긴 쟁반

쉽게 습도를 높일 수 있는 한 가지
방법은 자갈이나 하이드로볼 자갈을
채운 쟁반에 식물을 올려두는 것이다.
자갈이 살짝 덮일 정도로만 물을 채운
뒤 그 위에 화분을 두면 수분이
조금씩 증발하면서 식물 주위에
습기 찬 환경을 조성해준다.

습도 수준

높은 습도 공기 중에 습기가 가득한 상태를
말한다. 열대식물은 이런 곳에서 잘 자라는데
실내 공기를 건조하게 하는 중앙난방이
되는 실내에서는 돌보기가 어려울 수 있다.
그런 까다로운 식물들을 키우고 싶다면,
습기가 많은 부엌이나 욕실에 두거나
아니면 돈이 좀 들더라도
가습기를 설치해주라.

중간 습도 많은 실내 식물들이 요구하는
습도이다. 난초, 이끼, 몇몇 야자,
그리고 다수의 관엽식물들에게 알맞다.
젖은 자갈이 담긴 쟁반 위에 두고
정기적으로 분무해주라. 몇 가지 식물을
한데 모아두면 습도를 적정 수준까지
높이는 데 도움이 될 것이다.

낮은 습도 공기 중에 습기가 거의 없는
상태를 말한다. 선인장, 다육식물,
지중해 지역 원산 식물처럼 건조한
지역에서 온 식물들은 그런 환경에
적응되어 있다. 중앙난방이 되는 집 안의
방들은 대체로 습도가 낮다.
그런 집 안에서도, 건조한 곳을 좋아하는
식물들은 습도가 높은 부엌이나 욕실
환경에는 잘 견디지 못한다.

분무하기

식물의 잎과 공기뿌리에 날마다
또는 이틀에 한 번씩 분무해서 식물
주위의 습도를 높이는 방법이다.
대부분의 경우 겨울에는 일주일에
한 번 정도로 횟수를 줄인다.
기르는 식물이 빗물과 증류수
가운데 어느 쪽을 좋아하는지
「실내 식물 프로파일」(100~175쪽)
에서 확인하라.

모아 기르기

사람이 숨을 쉴 때 그러는 것처럼,
식물도 '증산작용'이라는 과정을
통해 수분을 방출한다.
몇 가지 식물을 한데 모으면
국지적인 열대 환경을 만들어낼 수
있다. 그러면 이웃 식물이 내놓는
수분을 서로 이용할 수 있게 된다.

영양 공급

실내 식물에게 필수영양소를 공급하면 건강한 꽃과 잎이라는 보상을 받게 될 것이다. 하지만 인간과 마찬가지로 식물들도 영양 공급이 너무 많거나 너무 적으면 어려움을 겪을 수 있다. 식물에 어떤 영양분을 얼마나 자주 주어야 하는지를 알면 식물이 순조롭게 자라는 데 도움을 줄 수 있을 것이다.

> "비료는 식물이 야외에서 자랄 때 토양으로부터 흡수하는 영양분을 제공한다."

영양 공급은 필수

땅에서 자라는 대부분의 식물은 필요한 영양분을 흙에서 흡수한다. 그 반면에 화분에서 자라는 식물은 영양 공급을 키우는 사람에게 전적으로 의존한다. 배양토 중에는 비료를 함유한 것이 많다. 식물이 그 성분을 다 흡수해버리면 영양 공급을 해주기 시작해야 한다. 비료의 종류와 투여량은 식물에 따라 다르니, 「실내 식물 프로파일」(100~175쪽)에서 특정한 식물에게 필요한 것들을 확인하라.

영양 공급이 잘된 식물
영양 공급이 잘된 식물은 왕성하게 생장하며, 잎 색깔이 누레지거나 엷어지는 등의 영양 공급 과잉이나 부족의 조짐을 보이지 않는다.

식물에게 필요한 영양소

식물에게 필요한 주요 영양소는 질소(N), 인(P), 칼륨(K)이다. 식물 종합영양제는 필요량이 더 적은 미량원소들과 함께 이 세 요소를 모두 포함하고 있다. 비료에 포함된 영양소는 포장 겉면에 N:P:K라는 비율로 표시되어 있다. 종합영양제는 20:20:20일 것이다. 대부분의 식물들은 활발히 성장하고 있을 때에만 영양 공급이 필요하다. 보통은 봄부터 가을까지다. 겨울에는 거의 또는 전혀 영양 공급이 필요하지 않다. 식물은 영양분을 용액 상태로 뿌리를 통해 섭취하기도 한다. 따라서 건조한 배양토는 식물을 마르게 할 뿐 아니라 비료를 흡수하는 능력을 제한하기도 한다.

질소(N) 잎을 튼튼하고 건강하게 해주는 잎 형성제로 알려져 있다. 잎이 건강하면 식물의 전반적인 성장도 촉진되는데, 이는 잎이 식물 전체에 양분을 공급하기 때문이다. 잎이 무성한 실내 식물들에게 특히 중요한 영양소이다.

인(P) 뿌리 형성제로, 모든 식물의 성장과 발육에 필요한 영양소이다. 뿌리는 식물 전체에 영양과 물을 공급해 튼튼하고 건강하게 자랄 수 있게 해준다.

칼륨(K) 꽃과 열매에 필수적이다. 개화를 2~3개월 앞둔 시점에 봉오리를 많이 맺으라고 고농도 칼륨 비료를 줄 때가 많다.

비료 고르기

식물마다 영양에 대한 요구가 다르다. 따라서 알맞은 비료를 적절한 양만큼
주고 있는지 확인해야 한다. 영양 공급이 지나치면 좋지 않을 뿐 아니라
부족할 때보다 오히려 더 나쁠 수 있다는 점을 기억하라.(213쪽 참조)

종합 액체 비료
실내 식물의 대다수가 종합 액체
비료를 필요로 한다. 분말이나
액상으로 된 것을 사서 희석해
쓸 수도 있고, 아니면 미리 혼합한
용액을 살 수도 있다.
이런 유형의 비료는 대개
봄부터 가을까지인 식물의
성장기 내내 정기적으로 준다.

고농도 칼륨 비료
이 비료는 개화를 촉진하는
칼륨이 풍부하다.(188쪽 참조)
보통 액상으로 팔리는데,
희석한 뒤 사용한다.
토마토용 비료는 고농도 칼륨
비료인데, 예루살렘체리 같은
식물의 개화와 결실 촉진에
두루 사용할 수 있다.

완효성 과립 비료
교목과 관목 같은 키 큰
목본식물이나 다년생 덩굴식물은
다목적 과립형 비료를 통해
영양을 공급받을 수 있다.
희석하지 않은 과립 그대로 혹은
알약 형태로(왼쪽 사진 참조)
해마다 한 번, 보통은 초봄에
배양토에 준다. 물을 주면
과립이 분해되어 영양분을
내놓게 된다.

이 병이 맞춤형
비료를 난초에
한 방울씩
점적 공급한다.

실내 식물용 특수 비료
비료 제조업자들은 난초, 선인장, 식충식물처럼 특수한
요구를 가진 식물들을 위해 세심하게 고안한 비료를
개발해왔다. 이들 비료는 대개 사용이 간편한 액상으로,
예컨대 배양토에 꽂을 수 있는 작은 병에 든 형태로 판매되고
있다. 오랜 시간에 걸쳐 영양분을 점적 공급할 수 있다.
(위의 사진 참조)

배양토 선택하기

여기에서는 기르고 있는 식물에 알맞은 최상의 배양토와 화분에 심을 때
필요한 재료들을 고를 수 있도록 안내한다. 분갈이(192~193쪽 참조)를 할 때는
항상 신선한 배양토를 사용해야 한다. 다른 식물에서 사용하던
오래된 배양토를 재사용하면 영양분이 부족할 수 있고,
보이지 않는 병이나 해충이 옮을 수도 있다.

배양토란 무엇인가?

'배양토(더 정확하게는 배지(培地))'는 화분의 식물이 자라게 되는
흙과 같은 물질을 표현하는 말이다. 배양토의 종류는 다양한데,
흙(또는 토양)과 분해된 유기 물질(집에서 배양토 용기에
만들 수 있다), 모래와 마사토, 비료 같은 것들을 섞어 만든다.
이탄이 포함된 것도 있는데 이탄을 채취하면
자연의 습지 생태를 위협하게 된다는 이유로 포함되지 않은 것을
사용하는 사람들이 많다.

다용도 배양토
만능 배양토라고도 알려져 있으며, 중량이 가볍다. 이탄이 섞인 것,
이탄이 섞이지 않은 것으로 구분된다. 코코넛 열매의 겉껍질에서 채취하는
코이어, 나무껍질, 퇴비화된 나무섬유와 같은 자연 물질로 만들어진다.
대부분 몇 주일 동안 식물에 영양을 공급할 수 있는 비료도 포함하고 있다.
추천 일년생의 꽃을 피우는 실내 식물

흙 또는 토양 배양토
살균된 흙, 다용도 배양토에 들어 있는 몇 가지 자연 물질,
필수 식물 영양소들이 포함되어 있다. 일반적으로 1년 이상
화분에서 살아가는 식물들에 사용된다.
추천 나무, 관목, 다년생 덩굴식물

실내 식물 배양토
대부분의 실내 식물에 알맞게 만들어진 것으로, 기르고 있는 식물에
필요한 것이 무엇인지 알 수 없을 때 빠르고 쉬운 해결책이 되어준다.
다용도 배양토와 비슷하게 대부분이 이탄과 필수 식물 영양소를
포함하고 있다.
추천 난초나 선인장과 같이 특별한 것이 필요한 식물을 제외한
대부분의 실내 식물(191쪽 참조)

발아 및 꺾꽂이용 배양토

이름에서 알 수 있듯이 씨를 뿌리거나 꺾꽂이를 할 때 가장 적합하다.
썩는 것을 방지하기 위해 배수가 잘되며, 미세한 질감을 형성하고 있어서
아무리 작은 씨앗도 배양토에 잘 접하여 발아가 순조롭도록 돕는다.
추천 씨앗 발아, 꺾꽂이, 모종 키우기

전문 배양토

난초, 선인장, 식충식물과 같은 특별한 식물들을 위해 만들어진 것이다.
이런 배양토는 아주 특별한 조건이 필요한 식물들을 위해
직접 배양토를 배합해야 하는 수고로움을 덜어준다.
추천 난초, 선인장, 식충식물 등

철쭉 배양토

철쭉, 진달래, 푸른 수국처럼 산성 토양 조건이 필요한 식물을 위해
만들어진 것이다. 배양토가 함유한 산성 성분이 고갈되면 산성을 좋아하는
식물을 위한 비료를 주는 것을 잊지 않도록 한다.
추천 진달래, 푸른 수국, 몇몇 양치류

기타 필요한 재료들

다음에 소개하는 재료들을 섞어 쓰면 배양토를 가볍게 하거나,
공기를 통하게 하거나, 배수가 잘되게 할 수 있다. 「식물 프로파일」
(100~175쪽)에 나오는 조언들을 참조하여 식물에 따라
적합한 재료와 알맞은 양을 사용한다.

질석과 펄라이트
열을 가해서 흡수성이
좋아지도록 만든 무기물이다.
둘 다 배수를 촉진하면서도
물을 잘 머금어서, 머금었던
물을 배양토에 천천히 돌려준다.
배양토와 섞어 쓰거나,
씨앗이 젖어 있도록
덮는 데 사용된다.

조약돌과 마사토
둘 다 배양토가 과습 상태가
되는 것을 막는다.
조약돌을 화분의 바닥에
깔아주면 물이 빠져나갈 수 있는
공간이 만들어지고, 그보다 작은
마사토는 배양토와 섞어주면
배수가 촉진된다. 그러면서
다육식물 등 건조한 것을
좋아하는 식물들에게
이상적인 환경을 조성해준다.

원예용 모래
다육식물 등 건조한 것을
좋아하는 식물들을 위해
물이 잘 빠지는 환경을
만들어줄 때 배양토와
섞어 쓴다. 세척하고 살균한
질 좋은 모래를 사용하도록 한다.
건설용 모래에는 실내 식물에는
맞지 않는 석회 성분이
너무 많다.

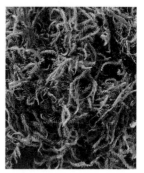

수태
배양토 표면에 덮어두면
고사리와 같이 습기를 좋아하는
식물들이 좋아하는 환경을
만들어줄 수 있다.
수태는 습한 곳, 늪과 같은 환경을
좋아하는 식충식물과 같은
몇몇 종을 위한 배지에
포함되어 있기도 하다.

화분과 분갈이

알맞은 화분을 선택해야 식물이 건강하게 자랄 수 있다.
좋은 화분은 배수가 잘되어야 하며, 식물이 점점 자라면서
뿌리가 엉기는 것을 피하려면 몇 년마다 바꾸어줄 필요가 있다.

1 대부분의 식물들은 2~3년마다
분갈이를 하고, 성장 중에는 매년 옮겨 심는다.
뿌리가 너무 무성해졌다는 의심이 들면
화분 배수공을 막을 정도로 뿌리가 자랐는지
확인해본다.

언제 분갈이를 할까

다음 사항을 체크하여 분갈이가 필요한지
확인한다.

1 배양토가 지나치게 물을 머금을 때
화분에 배수공이 없다는 것을 뜻할 수
있다. 이럴 경우 배수공이 있는
새 화분으로 갈아준다.

2 뿌리가 자랐을 때 화분 바닥의 배수공을
막을 정도로 뿌리가 자랐다면 이는 뿌리가
단단히 엉겨 있음을 나타낸다.

3 뿌리가 분형근을 형성했을 때 화분에서
식물을 꺼냈더니 뿌리가 엉겨 화분 형태를
하고 있다면 옮겨 심을 때가 된 것이다. 단,
몇몇 식물은 뿌리가 밀집해 있는 상태를
좋아하므로 「실내 식물 프로파일」(100~
175쪽 참조)에서 각 식물의 옮겨심기에
관한 부분을 체크한다.

4 잎이 연해지거나 노랗게 됐을 때
이는 뿌리가 너무 무성해져 영양분을
효율적으로 흡수할 수 없다는
신호일 수 있다.

5 식물이 시들 때 이 역시 식물의 뿌리가
너무 무성해졌다는 신호일 수 있다.

분갈이 방법

지금의 화분보다 한 단계 더 큰 것으로
고르고, 넘치는 물을 내보낼 수 있도록
바닥에 배수공이 있는 것으로 택한다.
배수공과 방수 받침이 있는
장식적인 화분을 고를 수도 있고,
평범한 플라스틱 화분에 심은 뒤
'슬리브'라고 부르는 좀 더 예쁜 방수 화분
안에 넣어 사용할 수도 있다.

준비물

식물
• 뿌리가 무성한 식물

기타 재료
• 사용하고 있는 것보다
  한 단계 더 크며 바닥에 배수공이 있는 화분
• 식물에 알맞은 배양토
  (「실내 식물 프로파일」100~175쪽 참조)
• 장식용 방수 화분(선택 사항)

도구
• 물뿌리개(필요하다면 꼭지가 달린 것)

2 새 화분은 분형근 크기에 맞을 정도로
충분히 넓고 깊은 것으로 선택한다.
물주기가 편하도록 가장자리 주변과 위쪽에
얼마간 여유 공간이 있어야 한다.
옮겨심기 30분 전에 식물에 물을 충분히 준다.

> "뿌리가 무성한 식물은 뿌리가 점점 뭉쳐서 자라 화분의 배수공을 막을 정도가 된다."

3 새 화분의 바닥에 배양토를 한 켜 깐다. 원래의 화분에서 식물을 꺼낸다. 가장자리나 바닥의 둘레에 단단하게 뭉쳐 있는 뿌리를 조심스럽게 정리한다. 그런 뒤 식물을 배양토 위에 올리는데 윗부분이 화분 가장자리에서 1cm 아래에 위치하도록 체크한다. 이렇게 해야 물이 배양토에 스며들기 전에 고일 수 있는 공간이 생긴다.

4 배양토로 화분을 채운 뒤 공기가 남아 있지 않도록 위에서 아래로 부드럽게 눌러준다. 줄기(또는 기근)가 파묻히지 않도록 하며, 원래의 화분에 있을 때와 같은 깊이가 되게 해준다. 잎이 젖지 않도록 주의하면서 천천히 물을 준다.

키 큰 식물 돌보기

나무나 관목처럼 키가 큰 식물을 지금과 같은 크기로 유지하고 싶다면 식물을 화분에서 꺼내 옆으로 삐져나온 뿌리를 살짝 다듬어준다. 그런 다음 같은 화분에 넣고 신선한 배양토를 채워 넣는다. 매년 봄에 화분 윗부분의 배양토를 새것으로 갈아주고 비료를 준다면 큰 식물도 같은 화분에서 계속 키울 수 있다. 다음의 과정을 따르면 건강하게 돌볼 수 있다.

1 뿌리가 다치지 않게 주의하면서 배양토 윗부분을 퍼낸다. 추천하는 비율(189쪽 참조)에 따라 완효성 과립 비료를 준다.

2 이전과 같은 수준이 되도록 신선한 배양토를 채우고, 가볍게 눌러 공기를 빼준다. 배양토가 뿌리 주위에 정착하도록 물을 잘 준다.

식물 모양 가꾸기

키우는 식물의 모양이 일그러졌다면, 너무 웃자라서 공간이 부족해졌다면,
죽거나 병든 부분이 보인다면 가지치기가 필요하다.
규칙적으로 가지치기를 해주면 더 많은 꽃을 피울 수 있고
더 무성하게 자랄 수 있다. 다음의 간단한 가지치기 방법을 따라한다면
식물을 말끔하고 건강하게 유지할 수 있다.

왜 가지치기를 할까?

큰 식물을 아담하게 키우기 위해
기다란 가지를 짧게 치거나 없애주면 크기를
억제하는 데 도움이 된다. 하지만 가지치기를
너무 자주 하면 오히려 성장을 촉진할 수
있으므로 일 년에 한두 번 정도 해준다.

죽거나 병든 부분을 제거하기 위해
죽거나 병들었다고 생각되는 부위를 잘라내고,
사용한 도구는 소독한다. 서로 부대끼고 있는
가지들도 제거한다. 서로에게 상처를
낼 수 있기 때문이다.

더 무성하게 만들기 위해
가지의 끝부분을 자르면 화학물질이 나와
주변에서 싹이 더 많이 나도록,
더 무성해지도록 자극한다.
전지가위나 손을 이용해 끝부분을 잘라준다.

더 많은 꽃을 보기 위해
꽃이 지고 난 다음에는 낡은 꽃줄기를 잘라낸다.
이렇게 하면 식물의 에너지가 씨앗을 맺기보다는
더 많은 꽃을 피우는 쪽으로 이동한다.

가지치기가 필요한 경우

1 죽고, 부러지고, 갈라진 가지들

2 병든 가지, 변색되거나
얼룩이 생긴 가지들

3 서로 부대끼고 있는 가지들

4 색이 바랜 잎들

5 한쪽으로만 치우쳐
웃자란 가지들

6 무성해지도록
가지 끝부분 자르기

7 너무 크게 자라는 것을
막기 위해 최상단부의 중심 줄기
자르기

8 새로 꽃이 피어나도록
오래된 꽃줄기 자르기

9 무늬가 있는 잎이 달린 식물에서
민무늬 잎 자르기

가지치기 전

가지치기 후

가지치기 방법

가지치기는 연중 어느 때라도 하여 건강하지 못한 성장을 바로잡을 수 있지만, 대부분은 빠른 성장을 시작하기 직전인 초봄에 해주는 것이 가장 좋다. 「실내 식물 프로파일」(100~175쪽 참조)을 보고 가지치기가 필요한지 여부를 확인한다. 가지치기 전에는 어떤 가지를 잘라야 하는지 항상 확인을 한다.

준비물

식물
* 보기 흉하게 자랐거나 공간을 벗어날 정도로 웃자란 식물

도구
* 잘 들고 깨끗한 전지가위
* 가정용 소독제

1 잘 드는 전지가위로 잎줄기, 마디(새로운 성장이 이루어지는 줄기 위의 볼록한 부분), 중심가지와 만나 갈라지는 곁줄기의 바로 윗부분을 잘라준다. 줄기 전체를 자를 때는 맨 아래쪽을 잘라준다.

2 죽거나 손상되었거나 병든 가지를 잘라내면 건강한 성장을 도울 수 있다. 서로 맞부딪치고 있는 줄기들도 잘라준다. 얼룩무늬 식물의 경우라면 민무늬 잎이 달린 줄기를 제거한다.

3 건강하지 않은 부분을 잘라냈다면 그다음은 식물의 모양을 구상해보고 어색하게 생겼거나 한쪽으로 치우친 줄기들을 자른다. 전체 윤곽 가운데 빈 곳이 있으면 그 주변의 줄기 끝부분을 잘라주어 더 무성하게 자랄 수 있게 한다.

4 바라는 만큼 식물이 자랐다면 더 크게 자라지 않도록 중심 줄기를 잘라준다. 가지치기를 끝냈으면 가정용 소독제로 사용한 도구들을 소독하고 수돗물에 헹군 다음 잘 말린다.

난초꽃 다시 피우기

난초는 보통 꽃이 피어 있을 때 구입하며, 잘 돌봐준다면 몇 주 동안 개화가 지속된다.
꽃이 결국 시들어 죽고 난 다음에 휴식기를 지나 다시 꽃을 피우게 하려면
다음과 같은 간단한 단계를 따르면 된다.

건강한 꽃 피우기

난초의 꽃을 다시 피우기 위해 제공하는 조치는
난초가 번성할 수 있는 최적의 환경을 마련해주는 일이기도
해서 건강을 유지하게 해줄 것이다. 건강한 난초는
수십 년 동안 살 수 있으며, 8~12개월마다 꽃을 피운다.

준비물

식물
- 시들어가는 꽃이 달린
  다 자란 난초

기타 재료
- 원래의 것보다 한 단계
  더 큰 화분(바닥 배수공
  여부는 선택 사항)
- 식물에 알맞은 배양토
  (「실내 식물 프로파일」
  100~175쪽 참조)

도구
- 전지가위
- 부드러운 천
- 물뿌리개
- 분무기 또는
  젖은 자갈이 담긴
  받침
- 적합한 비료

1 꽃줄기를 자르는데, 두 번째에 있는
옅은 색 가로줄의 바로 윗부분을 자른다.
이렇게 하면 식물의 모든 에너지가
씨앗을 맺는 데가 아니라 새로운 잎을
만드는 데로 몰려서, 다음번에 피울 꽃을 위한
에너지를 공급할 것이다.

2 햇빛을 너무 적게 받으면
꽃봉오리가 맺히지 못하므로,
식물이 빛을 충분히 받는지 확인한다.
빛이 약해지는 겨울에는 창문 가까이에 두고,
1~2주에 한 번씩 잎의 먼지를 털어주어
빛을 많이 흡수하도록 돕는다.
여름에는 한낮의 직사광을 피해야 하므로
자리 옮기는 것을 잊지 않도록 한다.

3 뿌리가 아주 무성해지면
분갈이를 한다.
(192~193쪽 참조)
원래 것보다 약간만 더 큰
화분을 사용하는데,
대부분의 난초들이
뿌리가 비좁은 상태에
있는 것을 좋아하기
때문이다.

4 필요한 만큼의 수분을
공급하되, 겨울에는
물주기 횟수를 줄인다.
빗물이나 증류수를 사용하여
1~2일마다 잎과 기근에
분무해주거나, 젖은 자갈이
담긴 받침 위에 둔다.
(187쪽 참조)

5 난초용 비료 또는 종합
액체 비료를 정량
공급한다.(188~189쪽 참조)
겨울 동안에는 개별 식물에
맞추어 비료의 양을 줄이거나
전혀 주지 않는다.

6 식물에 적합한 온도를
확인해두는데,
밤에는 낮은 기온을 필요로 하는
식물도 종종 있다.
9~12개월이 지난 뒤(종류에
따라 다르므로 110~115쪽 참조)
서늘한 곳으로 옮겨
꽃봉오리 형성을 자극하고,
꽃봉오리가 생기면
다시 따뜻한 곳으로 옮긴다.

난초를 위해 알아야 할 것들

난초의 종류에 따라 성장과 개화에 좋은 환경이 조금씩
다르다. 「실내 식물 프로파일」(100~175쪽 참조)의 난초
항목에서 지금 키우고 있는 난초를 확인하여
그 내용에 따라 돌봐준다.

1 계절에 따른 변화를 고려한다.
서늘하고 습한 숲이 원산지인 난초는
낮은 온도를 좋아하는 반면, 호접란 같은 경우는
따뜻한 환경에서 꽃을 잘 피운다.

2 꽃을 피우려면 일교차가 큰 환경이 필요한 난초들이 있다.
카틀레야, 심비디움, 덴드로비움 노빌레, 반다 등이
모두 이 범주에 속한다.

3 꽃을 피우기 위해 난초 전문 비료 대신
고농도 칼륨 비료가 필요한지 살펴본다.

4 참을성 있게 기다린다.
호접란의 경우 8개월의 휴면기가 지나면
다시 꽃을 피우지만, 대부분의 난초는
일 년에 한 번 개화한다.

실내에서 알뿌리식물 기르기

겨울과 초봄에 실내에서 아름다운 꽃을 피우는 식물을 만나고 싶다면
가을에 알뿌리를 심는다. 기후가 서늘한 지역에서는 아마릴리스와 같이
연약한 알뿌리식물은 실내에서 키워야 한다. 반면에 야외에서 잘 자라는
튼튼한 식물들은 '강제로' 개화 시기를 앞당길 수 있는데,
실내의 서늘한 곳에서 키우다가 따뜻한 방으로 옮겨주면 꽃이 피어난다.

연약한 알뿌리 식물 키우기

아마릴리스의 알뿌리(늦가을부터 한겨울에
걸쳐 구할 수 있다)는 연약해서 서리가
내리는 야외에서는 죽고 만다. 하지만
실내에 심어 약간의 수고만 더해주면
아름다운 실내 식물로 자라게 할 수 있다.

준비물

식물
- 아마릴리스 알뿌리

기타 재료
- 배수공이 있으며 알뿌리 깊이보다
  1~1.5배 깊고 조금 더 넓은 크기의 화분
- 알뿌리용으로 특별히 조합한 배양토
  또는 다용도 배양토

도구
- 물뿌리개

1 알뿌리를 몇 시간 동안 물에 담가둔다.
배양토를 한 켜 깔고 알뿌리를 올려놓는다.
그 주위를 배양토로 채우는데, 표면 위로
알뿌리의 3분의 2가량이 드러나게 한다.

2 물을 흠뻑 준 다음 물이 빠지도록 놔둔다.
밝고 따뜻한 곳에 둔다.
싹이 날 때까지는 물을 조금씩만 주고,
그 뒤로는 배양토를 항상 촉촉하게 유지한다.

3 줄기가 고르게 자라도록 매일 화분을
돌려준다. 좀더 서늘한 곳으로 옮겨주면
심고 나서 6~8주 정도 지나 꽃봉오리가
올라올 것이다. 필요하다면 긴 줄기를
지지대로 받쳐준다. 개화 후부터
잎이 시들어 죽을 때까지
종합 액체 비료를 매주 준다.
밝고 서늘한 곳에 둔다.
늦여름에서 가을까지의 휴면기에는
비료와 물을 주지 않는다.

튼튼한 알뿌리 식물 키우기

실외형 알뿌리식물을 실내에서 키우며 개화를 '강제'할 수 있다. 적당한 알뿌리 식물로는 향기로운 히아신스(오른쪽 참조)와 무스카리가 있다. 수선화와 은방울꽃은 약간 다른 방식이 필요하다.(아래쪽 참조) 히아신스와 파피라케우스수선과 같은 몇몇 알뿌리식물은 대개 꽃 피울 준비를 마친 뒤 판매되고 있다. 즉, 낮은 기온에서 보관을 하는데, 개화하려면 추운 겨울을 거쳐야 하기 때문이다. 이런 알뿌리는 봄이 아닌 겨울에 꽃을 피운다. 다른 알뿌리 식물들은 실내에서 더 일찍 꽃을 보기 위해 이렇게 다룰 필요가 없지만, 늦겨울까지는 꽃이 피지 않을 수 있다.

1 화분에 알뿌리용 배양토를 한 켜 깐다. 배양토에 물을 뿌리고 빠지도록 놔둔다. 장갑을 끼고(알뿌리가 피부 염증을 유발할 수 있다) 알뿌리의 뾰족한 부분이 위로 오게 해서 고르게 배치한다.

2 뾰족한 부분이 표면 위로 살짝 드러나도록 하여 배양토를 알뿌리 주변에 채운다. 화분 최상단과 배양토 사이가 1cm 정도 되도록 한다. 화분을 검은색 비닐봉지로 싸서 어둡고 서늘한 곳에 둔다.

준비물

식물
- 개화 준비가 된 히아신스 알뿌리 또는 준비되지 않은 파피라케우스수선 알뿌리 여러 개

기타 재료
- 배수공이 있는 넓은 화분
- 알뿌리용 배양토

도구
- 장갑
- 검은색 비닐봉지
- 꼭지 달린 물뿌리개

3 매주 살펴보면서 배양토가 마르면 물을 약간 준다. 싹이 5cm 정도 자라면 (보통 6~10주가 걸린다) 비닐봉지를 제거하고 화분을 실내의 서늘한 곳에 두는데, 직사광은 피한다. 꽃이 피어날 때가 되면 약간 더 따뜻한 곳으로 옮긴다.

수선화와 은방울꽃의 개화 촉진하기

수선화 알뿌리의 경우 위의 1, 2번 단계를 거친다. 단, 알뿌리를 배양토로 덮을 때 얇은 층으로 덮는다. 기온 10℃ 이하의 서늘하고 밝은 방에 6~12주 동안 두며, 이때 직사광은 피한다. 그런 뒤 개화를 위해 따뜻한 곳으로 옮긴다. 개화를 촉진하기에 적합한 수선화는 추위에 약한 파피라케우스수선인데, 12주 내에 꽃이 핀다.

은방울꽃은 뿌리줄기로부터 키울 수 있는데, 겨울에 이미 뿌리가 자라고 있는 상태에서 팔리고 있다. 뿌리줄기를 물에 2시간 정도 담갔다가, 배수공이 있는 깊은 화분에 흙 배양토를 넣고 심는다. 뿌리줄기 상단부가 배양토 표면 바로 아래에 오도록 한다. 물을 주고, 직사광을 피해 반음지의 서늘한 실내에 둔다. 3~5주 뒤에 꽃이 핀다.

번식시키기

집 안을 좋아하는 식물들로
가득 채우려면 돈이 많이 든다.
하지만 번식시키기 쉬운 식물들이 많으므로
구입한 식물로부터 수많은
새로운 식물들을 얻는 방법도 있다.
다음의 안내를 참고하여
가장 적합한 번식 방법을 찾아보자.
꺾꽂이를 통해 번식하는 식물도 많으며,
포기나누기나 씨앗 발아로
더 잘 번식하는 것도 있다.

어떤 번식 방법을 사용할까?

꺾꽂이 줄기를 잘라 번식하는 꺾꽂이 방법은 부드러운 가지를
지닌 대부분의 식물들에 적합하다. 목질화된 줄기도
사용할 수 있지만 뿌리를 내리기까지 시간이 많이 걸린다.
(200~201쪽 참조)

잎꽂이 베고니아, 케이프앵초, 산세베리아,
다육식물들에 가장 효과적이다.
(202~203쪽 참조)

물꽂이 대부분의 실내 식물에 적용할 수 있는 방법이다.
다만 줄기가 목질화되었다면 뿌리를 내리는 데 시간이 많이 걸린다.
(204쪽 참조)

포기나누기 포기나누기는 어미 식물 주변에
새로운 싹을 내는 식물들에 적용할 수 있다.
(205쪽 참조)

분지 번식 브로멜리아드와 접란과 같이
'어린' 분지(分枝)를 내는 식물들에 알맞다.
(206~207쪽 참조)

씨앗 발아 일년생 식물을 키우는 데
가장 널리 쓰이는 방법이며, 다년생 식물에도 적용될 수 있다.
다 자라기까지 시간이 많이 걸린다.
(208~209쪽 참조)

꺾꽂이

식물을 새로이 만들어내는 가장 쉬운 방법 중 하나로,
부드러운 줄기를 가진 대부분의 실내 식물에 적합한
방법이다. 식물의 성장이 빠른 봄이나 초여름에 꺾꽂이를 할
줄기를 자른다. 뿌리를 내리는 데 시간이 많이 걸리는
오래되고 목질화된 가지보다는 어리고 유연한 가지를
고르도록 한다. 얼룩자주달개비를 포함한 많은 식물들이
꺾꽂이 후 6~8주가 지나면 뿌리가 나온다.

준비물

식물
- 건강하고 어린 줄기가 있는
  다 자란 식물

기타 재료
- 발근촉진제(선택 사항)
- 작은 플라스틱 화분 또는
  씨앗 발아용 트레이
- 꺾꽂이용 배양토
- 다용도 배양토

도구
- 전지가위 또는
  잘 드는 깨끗한 칼
- 디버
- 꼭지 달린 작은 물뿌리개
- 비닐봉지와 고무줄,
  또는 씨앗 발아용 트레이와
  트레이 덮개

1 봄이나 초여름에 건강한 식물로부터 꽃을 맺지 않은
줄기를 하나 고른다. 잘 드는 전지가위로 줄기 끝에서
10~15cm 되는 구간을 자르는데, 잎이 연결되는 부분
바로 아래를 잘라낸다.

2 아래쪽에 있는 잎 2~3개(만약 대칭으로 나는 잎이라면 2~3세트의 잎)를 제거한다. 이런 방식으로 줄기 몇 개를 준비한다. 어미 식물에 줄기들을 많이 남겨두었는지 잘 확인한다.

3 잘라낸 줄기의 끝을 발근촉진제에 담근다. 이는 선택 사항으로, 이렇게 하지 않아도 대부분의 식물은 뿌리를 내린다. 다만 시간이 더 걸릴 뿐이다.

4 작은 플라스틱 화분이나 씨앗 발아용 트레이에 꺾꽂이용 배양토를 담는다. 디버로 배양토에 구멍을 낸다. 줄기를 그 구멍에 꽂고 주위를 부드럽게 다져준다.

5 화분 하나에 줄기 3개씩, 또는 씨앗 발아용 트레이라면 6개씩 줄기를 꽂는다. 줄기 둘레에 배양토를 채우고, 꼭지 달린 물뿌리개로 가볍게 물을 준다.

6 비닐봉지로 화분을 감싸고 고무줄로 묶는다. 트레이를 이용했다면 덮개로 덮는다. 배양토를 촉촉하게 유지하되 흥건하게 적시지는 않는다. 뿌리는 6~8주가 지나면 발달한다. 새싹이 보이면 작은 화분에 다용도 배양토를 넣고 옮겨 심는다. 직사광을 피한 밝은 곳에 두고 자라는 것을 지켜본다.

잎꽂이

잎에서 뿌리를 내린다는 것은 생각하기 쉽지
않지만, 많은 식물들이 이런 묘기를 부린다.
여기에서 소개하는 렉스 베고니아처럼 베고니아
종류는 잎ꂏ이 방식이 가장 흔하게 쓰인다.
그리고 케이프앵초, 산세베리아, 칼랑코에,
에케베리아 같은 다육식물에도 적용해볼 수
있다. 이들의 경우에는
약간 다른 기법을 써야 하는데,
203쪽을 보라.

준비물

식물
- 크고 건강한 잎이 달린
  다 자란 식물

기타 재료
- 꺾ꂏ이용 배양토
- 펄라이트

도구
- 잘 드는 칼 또는 전지가위
- 도마
- 12cm 크기의 플라스틱 화분 또는
  작은 발아용 트레이
- 비닐봉지와 고무줄
- 꼭지 달린 물뿌리개
- 작은 화분들
- 숟가락
- 다용도 배양토

1 큰 잎이 많이 달린
다 자란 건강한 식물을
선택한다. 잎을 자르기
약 30분 전에
물을 충분히 준다.

2 큰 잎을 골라
잘 드는 칼을 사용하여
잎줄기 끝부분에서 자른다.
그것을 깨끗한 도마
위에 놓는다.

3 줄기가 붙어 있는 둘레를 작고 둥그렇게 도려내어 버린다. 잎맥의 방향을 따라 남아 있는 잎을 약 2cm 크기로 잘라 나눈다.(잎맥들은 잎의 밑면에서 더 뚜렷하게 보인다.)

4 작은 화분이나 발아용 트레이를 펄라이트 한 줌을 섞은 꺾꽂이용 배양토로 채운다. 배양토를 가볍게 눌러 공기를 빼준다. 잎 조각들을 조심스럽게 배양토 속으로 밀어 넣는데, 잎맥이 배양토와 수직을 이루게 한다.

5 꼭지 달린 물뿌리개로 물을 주어 잎 조각들이 배양토에 자리를 잘 잡도록 한다. 자른 부분이 썩을 수 있으므로 배수가 잘되는지 확인하여 과습이 되지 않도록 한다.

6 비닐봉지로 화분을 감싸서 고무줄로 묶어준 뒤, 직사광을 피해 따뜻한 곳에 둔다. 6~8주가 지나면 잎 조각에서 새잎과 뿌리가 난다. 잎이 2~4장 나면 숟가락을 사용하여 뿌리가 손상되지 않게 조심하며 잎 조각들을 따로따로 뜬다. 그런 다음 다용도 배양토가 담긴 작은 화분에 각각 옮겨준다. 물을 잘 준다. 직사광이 들지 않는 따뜻하고 밝은 곳에 두고 성장을 지켜본다.

다른 식물들을 위한 잎꽂이 방법

케이프앵초 중앙의 잎맥을 잘라 양쪽으로 가른다. 중앙의 잎맥은 버리고, 각각의 잎 조각은 꺾꽂이용 배양토에 잘린 부분이 아래에 오도록 하여 밀어 넣는다. 이어서 앞의 4, 5단계를 따라한다.

산세베리아 어리고 건강한 잎을 가로로 5cm 크기로 잘라 번식시킬 수 있다. 각각의 잎 조각을 꺾꽂이용 배양토에 꽂는데, 원래 잎의 가장 아래쪽과 가까운 면을 아래에 오도록 한다. 이어서 앞의 4, 5단계를 따라한다.

다육식물 다육식물의 잎을 통째로 떼어 자른 부분이 마를 때까지 24~48시간 동안 둔다. 선인장 배양토와 모래를 2:1로 섞어 넣은 화분에 자른 잎을 꽂는다. 윗부분을 소량의 마사토로 덮는데 자른 부분은 덮지 않는다. 새 잎이 2~4장 나오면 선인장 배양토가 담긴 작은 화분에 옮겨 심는다. 가볍게 물을 주고, 잘 자라도록 밝은 곳에 둔다.

물꽂이

빠르고 쉬워서 초보자도 성공할 가능성이 높은 번식
방법이다. 어린이도 좋아하는데, 하루가 다르게
자른 줄기에서 뿌리가 자라나는 모습을 볼 수 있기 때문이다.
실내 식물 가운데 많은 종류가 이 방법으로 번식될 수 있다.
특히 예시로 보여주는 아프리칸바이올렛, 그리고
스킨답서스, 페페로미아와 필레아 등과 같이
줄기가 부드럽고 유연한 식물들에게 적합하다.

준비물

식물
- 다 자란 건강한 식물

기타 재료
- 다용도 배양토

도구
- 가위, 잘 드는 깨끗한 칼
  또는 전지가위
- 유리컵 또는 병
- 배수공이 있는 작은 화분

1 꽃을 피우지 않은 건강한 줄기를 골라 잘 드는 칼이나 가위
또는 전지가위로 아랫부분을 자른다. 혹시 마디가 있다면
마디 아래에서 잘라준다.

2 자른 줄기가 깨끗한지,
적어도 5cm는 되는지 확인한다.
줄기에 잎이 여러 개 달려 있다면
아랫부분이 말끔해지도록
아래쪽 잎은 제거한다.

3 유리컵에 물을 담고 자른 것을 넣는데,
이때 잎이 잠기지 않도록 한다.
그대로 한동안 둔다. 몇 주 후 줄기 끝에서
뿌리가 자라기 시작할 것이다.

4 물속에서 뿌리들이 잘 뻗으면
다용도 배양토가 담긴 작은 화분에
옮겨 심는다. 직사광이 들지 않는
밝은 곳에 두고 키운다.

포기나누기

어떤 식물 종들은 그 주위에 새로운 줄기들을 밀어 올리는
수염뿌리들이 네트워크를 형성하고 있다.
다 자란 식물(어미 식물)이 있는 바닥 주위에
새싹들이 나왔다면 간편한 방법인 포기나누기를 이용해
두세 개의 새로운 개체를 만들 수 있다.
여기서는 산세베리아를 예시로 보여주는데
그 밖에도 엽란, 아스파라거스 덴시플로루스,
보스턴고사리, 스파티필룸, 그리고 대부분의
칼라테아 등 포기나누기가 쉬운 식물은 다양하다.

준비물

식물
* 주변에 새싹들이 자라고
  있는 다 자란 건강한 식물

기타 재료
* 다용도 배양토

도구
* 물뿌리개
* 잘 드는 깨끗한 칼
* 뿌리 뭉치 크기에
  잘 맞는 플라스틱 화분

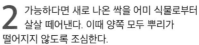

1 플라스틱 화분에서
식물을 꺼내기
1시간 전에 물을 준다.
손가락으로 뿌리에
달라붙어 있는 배양토를
살살 털어낸다.
그렇게 하면 뿌리의
어디에서 줄기가 나왔는지
더 잘 볼 수 있다.

2 가능하다면 새로 나온 싹을 어미 식물로부터
살살 떼어낸다. 이때 양쪽 모두 뿌리가
떨어지지 않도록 조심한다.

3 뿌리들이 너무 엉겨 있으면
잘 드는 칼을 사용해
분리한다. 이때 줄기 모두가
뿌리에 연결되어 있게 한다.
(뿌리 몇 개가 잘려도 문제없다.)

4 새 화분에 다용도 배양토를
채운다. 분리된 포기를
뿌리가 다치지 않게 조심하면서
화분에 심는다. 어미 식물과 함께
있었을 때와 같은 높이로 심으며,
줄기가 묻히지 않게 한다.
물을 주고, 직사광이 들지 않는
따뜻하고 밝은 곳에 둔다.

1 우선 식물의 아랫부분에 자라난 분지의 크기가 어미 식물의 3분의 1 내지 2분의 1 크기가 되었는지 확인한다.

분지 번식

분지는 어미 식물로부터 자라나는 어린 식물 (새끼 식물)을 말한다. 어떤 식물들은 개화 후 죽기 전에 어미 식물을 대신할 분지를 만들어낸다. 몇몇 선인장과 다육식물, 그리고 여기서 소개하는 브로멜리아드 모두가 그렇다. 한편 다 자란 무늬접란은 긴 줄기를 떨어뜨린 다음 규칙적으로 분지를 만들어낸다. 이를 화분에 심으면 새로운 식물로 자란다. (207쪽 참조)

준비물

식물

• 다 자라 꽃을 피운 브로멜리아드 가운데 아랫부분에 분지가 자란 것

기타 재료

• 발근촉진제
• 선인장 배양토 (또는 흙 배양토와 모래를 2:1로 섞은 것)
• 펄라이트

도구

• 잘 드는 깨끗한 칼
• 부드럽고 깨끗한 솔
• 지름 10cm의 플라스틱 화분
• 짧은 지지대
• 꼭지 달린 물뿌리개

2 화분에서 식물을 조심스럽게 꺼낸다. 잘 드는 칼로 어미 식물 가까이에 있는 분지를 잘라낸다. 이때 어미 식물이 다치지 않도록 주의한다. 어미 식물이 죽지 않았다면 다시 심어 더 많은 분지를 만들어낼 수 있다.

3 분지의 끝부분을 종이처럼 얇은 잎이 덮고 있다면 벗겨낸 다음 발근촉진제를 발라준다. 분지에서 아직 뿌리가 나지 않았더라도 걱정할 필요는 없다. 이 단계에서 필수적인 것은 아니기 때문이다. 발근촉진제가 뿌리의 성장을 이끌어낼 것이다.

4 지름 10cm의 플라스틱 화분에 펄라이트를 한 줌 섞은
선인장 배양토를 채운다. 분지의 아래쪽을 배양토에 밀어 넣는다.
이때 줄기가 너무 많이 묻히면 썩을 수 있으므로 주의한다.
물을 가볍게 뿌려 분지 주위의 배양토가 자리를 잡도록 해준다.

5 만약 분지가 너무 무거워
제힘으로 설 수 없다면
짧은 막대로 받쳐준다.
직사광이 들지 않는
밝은 곳에 화분을 둔다.
배양토를 촉촉하게 유지하되
과습이 되지 않게 주의한다.
몇 주가 지나면 뿌리가
자랄 것이다. 새싹이 보이면
옮겨 심는데,「실내 식물
프로파일」의 브로멜리아드 항목
(102~105쪽)을 참조한다.
분지가 다 자라 꽃을 피우려면
2~3년 걸린다.

무늬접란 옮겨심기

무늬접란은 분지로 번식시키기가 쉽다.
어미 식물로부터 폭포처럼 늘어뜨려진 긴 줄기의 끝에
분지가 생겨난다.

1 늘어뜨려진 줄기의 끝에 잎이 달린 분지가
몇 개 자랄 때까지 기다린다. 분지가 건강한지,
잎들이 잘 나고 있는지 살펴본다.

2 아랫부분에 작은 뿌리가 달린 분지 하나를 고른다.
작은 화분에 꺾꽂이용 배양토를 채우고 분지를 심는다.
이때 너무 깊이 묻지 않는다.

3 아직은 분지를 어미 식물로부터 잘라내지 않는다.
배양토를 촉촉하게 유지하면서
새싹이 나올 때까지 기다린다. 새싹이 나온다는 것은
분지가 자기 뿌리를 갖추었음을 뜻하므로
그 뒤에 어미 식물로부터 잘라낸다.

씨앗 발아

씨앗을 발아시켜 식물을 번식시키는 것은
생각보다 쉽다. 하지만 다 자라기까지
적어도 몇 달은 어린 식물을 잘 돌보아줄 준비를
갖추어야 한다. 어린 식물은 조금만 건조해도
죽을 수 있기 때문이다.
한 해 안에 자라서 꽃 피우고 죽는 일년생 식물이
초보자에게는 적합하다. 엑사쿰 아피네, 봉선화,
그리고 여기에서 보여주는 콜레우스 등이 그에
속한다. 좋은 결과를 보려면
해마다 신선한 씨앗을 구입하는 것이 좋다.

준비물

식물
- 실내 식물 씨앗 1봉

기타 재료
- 씨앗 발아용 배양토, 꺾꽂이용 배양토
- 질석(버미큘라이트)

도구
- 깨끗한 플라스틱 뚜껑이 달린
  씨앗 발아용 트레이
- 배양토를 거르기 위한 체(선택 사항)
- 식물 이름표
- 작은 숟가락
- 파종판 또는 작은 플라스틱 화분
- 꼭지 달린 물뿌리개
- 조금 더 큰 화분
- 다용도 배양토

1 트레이에 씨앗 발아용 배양토가
거의 가득 차도록 채운다.
트레이 뚜껑을 뒤집어 배양토 표면을
눌러서 표면을 평평하게 만들고
공기를 뺀다. 표면에 씨앗을
고르게 뿌린다.

2 씨앗을 질석으로 덮거나,
씨앗 발아용 배양토를 체로 걸러
가볍게 덮어준다. 뚜껑에 이름표를 붙인다.
씨앗이 발아하려면 빛이 필요하므로
밝은 곳에 두되 직사광은 피한다.

3 배양토를 촉촉하게 유지하되 과습은 피한다.
첫 번째 싹이 나오면 곧바로 뚜껑을 제거하고,
4~6개 정도의 잎이 나올 때까지 자라게 한다.

4 파종판이나 플라스틱 화분을 씨앗 발아용 배양토로 채운다.
숟가락으로 배양토에 구멍을 낸다.
뿌리가 다치지 않게 주의하며 숟가락으로 어린 싹을 떠낸다.
잎을 손으로 잡고 파종판에 낸 구멍에 심는다.

5 어린 싹 주위를 부드럽게 다져준다.
파종판 전체를 채울 때까지 되풀이한다.
물뿌리개로 물을 준다. 배양토를 촉촉하게 유지하되
과습은 싹을 썩게 하므로 주의한다.

6 싹이 잘 자라도록 트레이(또는 화분)를 직사광이 들지 않는
따뜻하고 밝은 곳에 둔다. 1~2일에 한 번씩 트레이를
돌려준다. 그러면 싹이 빛 쪽으로 치우치지 않고 고르게 자라면서
쑥쑥 키가 클 것이다.

7 싹이 10~15cm가량 자라면 더 큰 화분에 다용도 배양토를 넣고
옮겨 심는다. 줄기 끝을 잘라 무성하게 자라도록 한다.(194쪽 참조)
곧 디스플레이에 이용할 수 있을 정도로 자랄 것이다.

문제 해결 방법

식물의 상태가 좋지 않다면, 다음의 간단한 체크리스트를 통해
숨어 있는 원인을 파악해보자. 문제가 되는 식물의 증상을
잘 살펴 가장 가능성 높은 원인을 확인하도록 한다.
이어서 적절한 조치를 취해본다.
대부분의 문제들은 몇 가지 방식만 적용해도 해결할 수 있다.
따라서 가장 간단한 방식부터 적용해보자.

원인과 해결책

식물이 병든 원인이 무엇인지
확인해보았다면 다음에서 제시하고 있는
내용을 참조하여 해결책을 찾아보자.

돌보는 방식이 잘못된 경우가
실내 식물의 건강 문제에서
가장 큰 비중을 차지한다.
(212~213쪽)

질병이 원인일 수 있다.
식물이 경고하는 신호를 숙지하고
대처 방법을 익힌다.
(214~215쪽)

해충 역시 또 하나의 원인이다.
식물을 잘 살펴서 눈에 띄면
바로 제거해준다.
(216~219쪽)

문제

잎 끝의
갈변

원인 진단

물 부족 또는
과습

건조한 공기
(높은 습도를 좋아하는
식물의 경우)

높은 온도/
과한 햇빛

영양 과잉 공급

해결책

배양토가
너무 말랐는지,
흠뻑 젖어 있는지
체크(213쪽)

분무하거나
젖은 자갈이 담긴
받침 위에 두기
(187쪽)

서늘한 곳으로 옮기고,
물 주는 양
늘리기(213쪽)

권장 횟수와
양에 맞춰
영양 공급하기
(213쪽)

문제

노란색
또는
붉은색으로
변한 잎

원인 진단

영양 부족

물 부족 또는
과습

차가운 외풍

자연스러운
잎 떨굼 현상

해결책

권장 횟수와
양에 맞춰
영양 공급하기
(213쪽)

배양토가
너무 말랐는지,
흠뻑 젖어 있는지
체크(213쪽)

따뜻한 장소로 옮기기
(213쪽)

모든 식물의 잎이
때때로 노랗게
변하거나 떨어지므로
그대로 두기

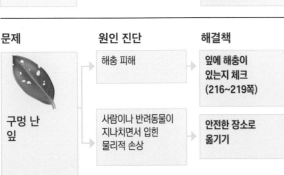

문제

구멍 난
잎

원인 진단

해충 피해

사람이나 반려동물이
지나치면서 입힌
물리적 손상

해결책

잎에 해충이
있는지 체크
(216~219쪽)

안전한 장소로
옮기기

문제

말린
잎

원인 진단

높은 온도

해충 피해

해결책

서늘한 곳으로 옮기고,
물 주는 양
늘리기(213쪽)

잎에 해충이
있는지 체크
(216~219쪽)

문제	원인 진단	해결책
잎에 생긴 반점	짙은 갈색의 반점 : 과습	배양토가 지나치게 젖어 있지 않은지 체크 (213쪽)
	말라서 생기는 얼룩 : 물 부족	물을 더 자주 주어 배양토를 촉촉하게 유지하기 (213쪽)
	옅은 얼룩 : 분무 시 경수 사용	분무할 때 빗물이나 증류수 사용하기
	병이나 해충 피해	잎에 병이나 해충이 있는지 체크 (214~219쪽)

문제	원인 진단	해결책
시든 잎과 줄기	물 부족 또는 과습	배양토가 너무 말랐는지, 흠뻑 젖어 있는지 체크(213쪽)
	뿌리 엉김	뿌리가 물을 더 쉽게 흡수할 수 있도록 한두 단계 더 큰 화분으로 옮겨심기
	높은 온도/ 과한 햇빛	서늘한 곳으로 옮기고, 물 주는 양 늘리기(213쪽)
	해충 피해	뿌리와 잎에 해충이 있는지 체크 (216~219쪽)

문제	원인 진단	해결책
갑자기 잎이 떨어지는 현상	분갈이 또는 이동으로 인한 환경의 변화	곧 회복될 수 있으므로 며칠 기다리기
	해충 피해	해충이 있는지 뿌리 체크하기 (216~219쪽)

문제	원인 진단	해결책
잎과 줄기가 털로 덮이는 현상	곰팡이 감염	병이 있는지 확인하고 권장 방법에 따라 처치 (214~215쪽)

문제	원인 진단	해결책
꽃봉오리가 떨어지는 현상	건조한 공기 (높은 습도를 좋아하는 식물의 경우)	분무하거나 젖은 자갈이 담긴 받침 위에 두기 (187쪽)
	물 부족 또는 과습	배양토가 너무 말랐는지, 흠뻑 젖어 있는지 체크(213쪽)
	적합하지 않은 온도	너무 춥거나 더우면 권장 방법에 따라 자리 옮기기(213쪽)
	해충 피해	봉오리, 줄기, 잎에 해충이 있는지 체크 (216~219쪽)

문제	원인 진단	해결책
꽃이 피지 않는 현상	빛의 부족	햇빛이 더 많이 드는 곳으로 옮기기 (212쪽)
	영양 부족 또는 영양 과잉	권장 횟수와 양에 맞춰 영양 공급하기 (213쪽)
	건조한 공기 또는 배양토	높은 습도를 좋아하는 식물이라면 분무하고, 배양토가 너무 말라 있지 않은지 체크 (213쪽)
	너무 큰 화분	어떤 식물들은 뿌리가 압박을 받을 때만 꽃을 피우므로 작은 화분에 옮겨심기

돌봄 문제 해결하기

실내 식물이 겪는 건강 문제들은 거의가 그저 잘못된 돌봄 때문이고,
따라서 대체로 쉽게 해결할 수 있다. 문제(210~211쪽 참조)의
가장 가능성 있는 원인을 확인했다면, 아래의 지침들을 활용해
식물의 건강을 되찾아줄 최선책을 찾으라.

돌봄이 최우선

식물이 무럭무럭 자라게 하려면, 건강 악화의 조짐을 조금이라도
보이기 시작할 때 「실내 식물 프로파일」(100~175쪽)에서 제시하는
돌보기에 관한 조언과 아래에 요점 정리해둔 방법들을 따라야 한다.
이상을 바로잡기 위한 조치를 취하고 며칠이 지나도 문제가
지속된다면 원인은 다른 데 있을 수 있다. 210~211쪽으로 돌아가서
병이나 해충 때문인지 확인하고, 만일 그렇다면 제시된 해결책대로
해보라. 제대로 돌보고 적절한 환경을 제공하면 식물이 외부의 공격을
더 잘 이겨낼 수 있다는 점을 기억하자.

빛이 부족한 곳에 둔 식물은
해를 향해 가지를 뻗게 되어
모양이 비뚤어진다.

빛이 부족할 때

문제점 식물을 충분한 빛이 드는 곳에 두는
것이 식물의 건강에 아주 중요하다.
빛이 너무 적으면 식물의 줄기가 가늘어지고
길어지거나 비뚤게 자랄 수 있다.
또 잎이 누레지거나 색이 옅어지기도 하고,
꽃을 거의 또는 전혀 피우지 못하기도 한다.

해결책 식물이 적절한 양의 빛을 받고 있는지 「실내 식물
프로파일」에서 확인한다. 며칠에 한 번씩 화분을 돌려서
식물이 해를 향해 가지를 뻗으면서 웃자라 허약해지거나
('누렇게 뜨거나') 비뚤게 자라지 않도록 해준다.

빛이 과할 때

문제점 햇빛을 좋아하는 식물조차도 한여름 태양의 강한 빛은
견디기 어렵다. 잎 끝이나 위쪽 겉면이 갈색으로 변하는 것,
잎이 시드는 것 등이 그 징후이다.

해결책 식물을 볕바른 창가나 방에서 빛이 산란하는 곳으로
옮겨주거나, 창문에 망사 커튼을 달아준다.

식물의 건강을 지켜주는 황금률

1 「실내 식물 프로파일」(100~175쪽)에서 내 식물에 맞는 빛, 온도, 물주기, 영양 공급을 확인한다.

2 배수공이 있는 화분에 식물을 심고, 배양토가 질척거리지 않을 정도로 물을 준다.

3 식물에게 알맞은 양의 빛이 드는 곳에 둔다.

4 난방기로부터 떨어진, 온도가 적절하고 통풍이 잘되는 곳에 둔다.

5 식물에게 딱 맞는 만큼 영양 공급을 한다. 영양 과잉과 부족 모두 식물에게 해롭다.

6 배양토 위에 떨어진 잎이나 꽃을 제거한다. 그대로 두면 식물이 썩거나 곰팡이병에 걸릴 수 있다.

7 며칠에 한 번씩 해충이나 병의 조짐을 체크한다.

8 조금이라도 병든 부분이 있으면 잘라내고, 해충은 보는 즉시 제거한다.

너무 추울 때

문제점 차가운 외풍은 잎이 누렇게 또는 붉게 변하다가 결국 떨어져버리게 하는 원인이 될 수 있다. 정상적인 성장을 멈추게 할 만큼 기온이 떨어지면 잎이 기형적으로 바뀌기도 한다.

해결책 차가운 외풍이 드는 복도 같은 곳에서 떨어진 곳에 식물을 둔다. 겨울에는, 특히 밤에는 추운 창턱에 식물을 두지 않는다.

겨울 몇 달 동안은 추운 창턱에서 떨어진 곳으로 식물을 옮긴다.

너무 더울 때

문제점 실내 온도가 높으면 배양토가 마르고 식물이 탈수 증상을 보일 수 있다. 실내 공기의 습도도 낮아질 수 있다. 그러면 잎 끝이 갈색으로 변하거나, 잎이 말리거나, 잎이 시들거나, 꽃봉오리가 떨어지거나, 꽃이 피지 않는 증세가 나타날 수 있다.

해결책 여름에는 뜨겁고 직사광이 비치는 곳을 피한다. 창문을 열거나 에어컨을 틀어서 온도를 낮추어준다. 또 배양토가 젖어 있도록 해주기 위해 기온이 오를 때에는 물을 더 자주 주어서 배양토가 습기를 계속 머금게 해준다.(단, 물을 너무 많이 주면 안 된다. 오른쪽을 보라.) 겨울에는 히터나 라디에이터에서 떨어진 곳으로 식물을 옮긴다.

물이 부족할 때

문제점 배양토가 너무 건조하면 식물이 시들거나, 잎 끝이 갈변하거나, 잎 색깔이 누렇게 또는 붉게 바뀌거나, 잎이 말리거나, 봉오리가 떨어지거나, 꽃을 전혀 피우지 않게 될 수 있다.

해결책 마른 배양토에 물을 주면 식물은 금세 회복하여 하루 이틀 지나면 기운을 되찾는다. 배양토가 너무 말랐을 때에는 식물의 아래쪽에서 물을 주는 것이 가장 좋다.(184쪽 참조) 다만 물을 너무 많이 주면 안 된다.

물이 과할 때

문제점 위에서 본, 물이 부족할 때 나타나는 증상들은 물을 너무 많이 주었을 때 나타나는 증상일 수도 있다. 뿌리가 물기를 미처 다 빨아들이지 못해 썩기 시작하면 그런 현상이 나타날 수 있다. 물을 너무 많이 주면 잎이 곰팡이병에 걸리거나, 물기를 흠뻑 머금은 '수종(oedema, 水腫)'이 터지거나 코르크화해서 잎에 얼룩 반점이 생길 수 있다.

해결책 장식용 방수 화분이나 화분 받침에 있는 여분의 물을 쏟아내고, 화분에 배수공이 없으면 배수공이 있는 화분으로 분갈이한 다음, 건조대 위에 또는 마른 자갈을 담은 쟁반 위에 올려둔다.

수종은 물을 너무 많이 주어서 잎에 코르크화한 얼룩이 생기는 것이다.

영양이 부족할 때

문제점 식물에 영양이 부족하다는 징후는 잎 색깔이 엷어지거나 누레지고, 전반적으로 성장이 더뎌지고, 꽃이 거의 또는 전혀 피지 않는 것이다.

해결책 「실내 식물 프로파일」(100~175쪽)에 나오는 돌보기 지침에 따라 식물에게 영양을 공급한다. 이때 기르는 식물이 영양 상태가 나쁘다는 생각이 들더라도, 영양분을 듬뿍 주고 싶다는 유혹에 넘어가지 말아야 한다. 영양이 과하면 아래에서 말하는 것처럼 역삼투 현상이 일어날 수 있는데, 이 또한 식물에 해롭다.

영양 부족의 첫 번째 징후는 잎 색깔이 엷어지거나 누레지는 것이다.

영양이 과할 때

문제점 영양이 과하면 위에서 살펴본 영양이 부족할 때와 같은 증상이 나타날 수 있다. 영양이 지나치면 '역삼투'라는 과정을 통해 영양분이 식물의 세포 밖으로 빠져나갈 수 있고, 그로 인해 잎 끝이 갈색으로 변할 수 있다.

해결책 배양토를 많은 양의 물로 씻어 내린다. 빗물을 쓰느냐 증류수를 쓰느냐는 식물의 기호에 따른다.(100~175쪽 참조) 여분의 물이나 영양분이 쉽게 빠져나가도록, 반드시 배수공이 있는 화분을 사용한다.

흔한 질병 치료하기

식물을 아무리 잘 돌봐도 여전히 병으로 쓰러질 수 있다.
병에 걸리면 다른 식물들과 분리해 전염을 막고,
어떤 병인지 확인한 다음, 되도록 빨리
적절한 조치를 취한다.

치료보다 예방이 우선

식물 질병의 가장 흔한 원인은 물을 너무 많이 주거나 너무 적게 주는 것, 그리고
통풍 부족이고 그로 인해 식물은 썩음병이나 곰팡이병에 걸린다. 따라서 건강한 식물로
키우려면 213쪽의 조언을 잘 따라야 한다. 그래도 식물이 병에 걸리면 방에
곰팡이 제거제를 분무하고 환기를 하라. 그리고 화분을 소독해서 재감염을 막으라.

반점병

문제점 잎에 노란 테두리의 어두운 반점이
생기고, 이어서 잎이 지기도 한다.

해결책 반점이 눈에 띄자마자 감염된 부분을
제거하고, 배양토 위에 떨어진 잎도 남김없이
치운다. 식물 주변의 통풍이 더 잘되도록 해서
재감염을 막고, 문제가 지속되면
곰팡이 제거제를 쓴다.

백분병(흰가룻병)

문제점 이 병에 걸리면 잎, 줄기, 꽃에
하얀 가루 같은 곰팡이가 슨다. 물이 부족하거나
통풍이 나쁠 때 종종 생기는 병이다.

해결책 감염 위험성을 키우는 물 부족으로
식물이 스트레스를 받고 있지 않은지 체크한다.
곰팡이가 눈에 띄자마자 감염된 부분을 잘라내고,
통풍이 잘되게 해준다. 증상이 심하면
곰팡이 제거제를 뿌린다.

노균병

문제점 이 곰팡이병에 걸리면 잎에 초록, 노랑,
보라 또는 갈색 얼룩이 진다.
그리고 잎의 밑면에 곰팡이 같은 것이 자란다.
잎이 누렇게 변해 떨어지기도 한다.

해결책 감염된 부분을 잘라내고,
병증이 너무 심한 식물은 뽑아버린다.
잎이 젖지 않게 해서 곰팡이가
더 번질 가능성을 차단한다. 화학요법은 없다.

입고병

문제점 통풍이 잘 안 되거나 씨앗을 너무
촘촘하게 심었을 때 모종에 나타나는 병이다.
모종이 시들어 곧바로 죽고,
배양토 위에 흰 곰팡이가 핀다.

해결책 싹이 돋자마자 덮개나 비닐 막을
모두 제거해 공기가 잘 순환하게 해준다.
화학요법은 없다.

잿빛곰팡이병

문제점 이 병의 첫 번째 징후는 식물의 줄기와
잎에 나타나는, 보풀로 덮인 회갈색 곰팡이다.
그 부분은 곧 썩는다.

해결책 곰팡이가 보이는 즉시 감염된 부분을
제거한 다음, 식물 주위의 통풍이 더 잘되게
해준다. 곰팡이가 눈에 띄자마자 살균제로
다스린다. 안 그러면 식물이 죽을 수도 있다.

그을음병

문제점 주로 잎에 검거나 짙은 갈색의 곰팡이가
자라는 현상이 나타난다. 식물의 즙을 빨아먹는
진딧물 같은 해충들이 생산하는 단물에 기생하는
곰팡이 때문에 생기는 병이다.

해결책 가능한 한 해충들을 없애주고(216~
219쪽 참조), 따뜻한 물로 곰팡이를 닦아낸다.
화학요법은 없다.

줄기와 뿌리골무 썩음병

문제점 이 곰팡이병에 걸리면
배양토 표면 주위의 줄기가 갈색에서
검은색으로 바뀌고, 이러한 변색이
위로 올라가 잎에까지 이를 수 있다.
식물이 시드는 징후를 보이기 시작하고,
이어서 썩기 시작한다.

해결책 일단 증상이
보이면 가지마름을
멈추기에는 너무
늦었을 수 있다.
병을 예방하려면 배양토가
너무 질지 않은지
체크하라. 배수공이 달린
화분에 심고 항상 여분의
물을 화분이나
화분 받침에서 비워준다.
화학요법은 없다.

뿌리썩음병

문제점 식물이 시들어 물을 주었는데도
기운을 되찾지 못할 때까지 알아차리지 못할 때가
많다. 오랫동안 가물거나 물을 너무 많이 줄 때
이 곰팡이병에 걸린다. 뿌리가 짙은 갈색이나
검은색으로 변했다가 죽는다.

해결책 감염된 식물은 뽑아버린다.
이 썩음병을 다스릴 화학요법이 없기 때문이다.
배양토가 너무 질거나 마르지 않게 함으로써
재발을 막는다.

녹병

문제점 이 곰팡이병에 걸리면 녹과 비슷한
색깔의 물집들이 주로 잎의 밑면에 생긴다.
이어서 잎이 누레졌다가 식물이 죽는다.
주로 정원 식물들이 걸리는 병인데,
실내에서 키우는 제라늄이 감염되기도 한다.

해결책 감염 위험성을 높이는
과도한 영양 공급을 피한다. 물집이 눈에 띄면
곧바로 감염된 잎들을 제거한다.
화학요법은 없다.

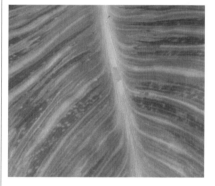

바이러스

문제점 옅은 녹색 또는 노란 반점들, 줄무늬,
모자이크 형태, 또는 고리 모양이 잎 표면에
생기고, 발육이 전반적으로 정지되거나 왜곡된다.
꽃에도 흰색이나 옅은 줄무늬가 나타날 수 있다.

해결책 확산을 막기 위해 감염된 식물은
바로 뽑아버린다. 바이러스 감염이 의심되는
식물은 번식에 사용하지 않는다.
화학요법은 없다.

흔한 해충 퇴치하기

해충은 크기는 작아도 기회만 주어지면 소중한 실내 식물을
순식간에 해칠 수 있다. 혹시 해충이 있는지 정기적으로 체크함으로써
들끓기 전에 그들을 제거하기 위한 조치를 취할 수 있다.
일단 만연하면 퇴치가 더 어려워지기 때문이다.

불청객 접근
차단하기

식물 해충은 새로 사들인
실내 식물을 통해 집 안에 들어올 수 있다.
식물을 살 때에는 항상 잎, 줄기,
꽃에 해충이 없는지 체크하고,
배양토 표면에 벌레가 기어 다니지 않는지도
살펴보아야 한다.
출입문이나 창문이 열려 있어도
해충이 집 안에 들어올 수 있다.
하지만 들어온다 해도 매주 식물의
건강을 점검하고 눈에 띄는 대로
잡아 없애준다면 대부분의 해충을
제압할 수 있을 것이다.
응애 같은 몇몇 해충은 맨눈으로는
알아보기 어려우니,
해충의 조짐을 잘 살펴서
필요한 조치를 취함으로써
식물이 해충 피해를 입지 않게 하라.

진딧물

문제점 자주진딧물 또는 검정진딧물이라고도
한다. 식물의 즙을 빨아먹는 이 흔한 해충은
7mm까지 자랄 수 있다. 진딧물은 잎의 변형이나
말림, 꽃망울 발육 부진을 비롯한 전반적인
발육 부진을 일으킨다. 진딧물은 끈끈한 단물을
배설하는데, 이는 그을음병(215쪽 참조)의
원인이 될 수 있다.

해결책 혹시 진딧물이 있는지 꽃망울,
줄기(아래 사진), 그리고 잎의 밑면을 잘 살핀다.
만일 있다면 비닐장갑 낀 손으로
살짝 쥐어 눌러 죽인 뒤 말끔하게 닦아낸다.
감염 범위가 그보다 넓을 때에는
묽게 한 비누 용액을 분무하거나 살충제를 친다.

이 작은 날벌레가 잎을
은색으로 변색시킨다.

총채벌레

문제점 삽주벌레라고도 한다. 작고 날개가 달려
있으며 식물의 즙을 빨아먹고 사는데,
크기가 2mm밖에 되지 않아 날아다니지
않을 때에는 눈에 잘 안 띈다.
유충(애벌레)은 날개가 없다.
이 해충이 꼬이면 잎의 녹색이 흐려지면서
은색으로 변하고, 잎의 윗면에 작고 검은
반점들이 생긴다. 또 새싹과 꽃봉오리의
변형을 일으키기도 해서, 꽃에 흰 얼룩이
생기면서 원래의 색을 잃거나 꽃망울이 피지
못하게 될 수도 있다.

해결책 이런 유의 작은 벌레들을 유인하는
끈끈이를 쓴다. 이 벌레에 잘 듣는
살충제를 사용할 수도 있다.

집게벌레

문제점 야행성의 갈색 곤충으로 15mm까지 자라며, 꽁무니에 독특한 집게가 나 있다. 꽃과 잎을 먹어치우는데, 잎에서 잎맥만 겨우 남을 정도. 실내 식물에 흔한 해충은 아니지만 몇몇 꽃나무에 해를 끼치기도 한다.

해결책 밤에 식물을 꼼꼼히 살펴서 벌레가 보이면 바로 제거한다. 장식용 슬리브 안이나 주변의 화분들도 잘 점검한다. 낮 동안 그곳에 숨어 있기도 하기 때문이다.

긴 더듬이와 꽁무니에 난 집게로 정체를 확인한다.

줄기·알뿌리 선충

문제점 아주 작은 벌레처럼 생긴 이 선충은 맨눈으로는 볼 수 없지만 식물에 심각한 손상을 입힐 수 있다. 식물의 수액을 빨아먹어 잎을 일그러뜨리고, 흔히 노란 얼룩이 지게 한다. 또한 줄기 끝과 싹이 검게 변해서 죽기도 한다. 알뿌리에 침범해서 잎에 나타나는 것과 비슷한 증상을 일으키기도 하고, 잎의 밑면에 누런 부종이나 얼룩점을 유발하기도 한다.

해결책 손상된 부위가 눈에 띄면 곧바로 제거한다. 그리고 믿을 만한 업자로부터 튼튼하고 건강해 보이는 알뿌리를 구입한다. 화학요법은 없다.

줄기·알뿌리 선충은 맨눈으로는 볼 수 없다. 벌레 대신에 변형된 누런 잎을 찾으라.

버섯파리

문제점 작은뿌리파리라고도 알려진 이 회갈색 곤충은 4mm까지 자란다. 성가시기는 해도 보통은 살아 있는 식물을 먹지 않는다. 그저 식물 주위를 날아다니고 발아 상자 안의 배양토를 잠깐씩 방문할 뿐이다. 유충은 검은 머리를 한 흰 구더기로 성충보다 약간 크며, 썩은 잎이나 뿌리를 먹고 사는데 가끔 모종을 먹기도 한다. 하지만 다 자란 식물은 거의 먹지 않는다.

해결책 파리들을 유인하는 끈끈이를 쓴다. 유충 방제를 위해 생물농약인 곤충병원성 선충(*Steinernema feltiae*) 배양액을 흙에 흠뻑 뿌려준다.

멸구가 침범하면 잎에 군데군데 옅은 얼룩이 생긴다.

멸구

문제점 몸길이가 약 3mm로 작고 몸 색깔은 옅은 녹색이다. 위험을 느끼면 짧은 거리를 날아 잎에서 잎으로 점프할 수 있다. 연노랑기가 도는 흰색을 한 날개가 없는 유충과 하얀 허물은 그 색깔 때문에 성충보다 눈에 잘 띈다. 성충과 유충 모두 잎 표면에 옅은 얼룩이 지게 하는데, 실내 식물에 끼치는 영향은 그리 심각하지 않다.

해결책 심각한 증상을 일으키지는 않으므로 그냥 내버려둔다.

"키우는 식물을 매주 체크하라. 그리고 가능하다면 눈에 띄는 해충을 모두 잡아 없애라."

가루깍지벌레

문제점 수액을 빨아먹는 이 해충은 작고 하얀 쥐며느리처럼 생겼다. 식물의 발육을 왜곡시키고 방해한다. 잎이나 줄기 또는 잎의 밑면에 생긴 솜털같이 하얀 물질이 가장 먼저 눈에 띄는데, 그 밑에 이 벌레나 핑크오렌지색 알들이 숨어 있다. 이들도 단물을 분비하는데, 그 때문에 식물이 그을음병(215쪽 참조)에 걸리기도 한다. 몇몇 종은 뿌리를 공격하기도 한다.

해결책 새로 사들인 식물에 묻어 들어올 때가 종종 있으므로, 사기 전에 감염 여부를 체크한다. 해충에 감염된 부분을 제거하거나, 희석한 살충 비누 용액 또는 변성 에탄올을 감염된 곳에 붓으로 발라준다.(혹시 식물에 해를 끼치지 않는지 확인하기 위해 우선 좁은 범위에 발라 시험해본다.) 아니면 페로몬 미끼로 성충을 유인해 잡아 번식을 방지한다. 살충제가 잘 듣지 않으니, 심하게 감염된 식물은 뽑아버린다.

솜털 같은 하얀 물질 아래에 벌레와 알들이 숨어 있다.

뿌리진딧물

문제점 자주진딧물과 비슷한 이 진딧물은 뿌리의 즙을, 마치 땅 위의 진딧물 무리가 잎과 줄기의 수액을 빨아먹듯이 빨아먹으면서 뿌리에 기생한다. 땅속에 숨어 살기 때문에 이들을 발견하기 전에 감염 증상을 먼저 알아차리기 마련이다. 증상은 뿌리가 파괴되어 잎이 못 자라고, 시들고, 누레지는 것이다.

해결책 물을 주어도 시드는 현상이 사라지지 않으면 흙 속에 뿌리진딧물이 있는지 조사한다. 화학요법은 없으니, 배양토와 뿌리진딧물을 물로 씻어내고, 새 배양토에 옮겨 심는다.

뿌리진딧물은 뿌리의 수분을 빨아들여 식물을 말라 죽게 한다.

깍지진디

문제점 비늘이나 조개껍데기처럼 생긴, 크기가 최대 1cm인 벌레가 줄기나 잎의 뒷면에 나타난다. 흰 밀랍 같은 알도 발견된다. 식물의 수액을 빨아먹는 이 곤충은 식물의 성장을 방해하고 허약하게 자라게 한다. 단물을 분비하는데, 그 때문에 식물이 그을음병(215쪽)에 걸릴 수도 있다.

해결책 해충에 감염된 부분을 제거하거나, 희석한 살충 비누 용액 또는 변성 에탄올을 감염된 곳에 붓으로 발라준다.(혹시 식물에 해를 끼치지 않는지 확인하기 위해 우선 좁은 범위에 발라 시험해본다.) 심하게 감염된 식물은 폐기한다.

응애

문제점 붉은응애라고도 한다. 식물의 수액을 빨아먹는 이 작은 해충은 잎에 얼룩점이 생기게 한다. 잎이 탈색된 뒤 떨어지기도 한다. 심하게 감염되면 결국 식물이 죽을 수도 있다.

해결책 감염된 부분을 바로 제거한다. 심하게 감염된 식물을 폐기 처분해 해충 전파를 막는다. 정기적으로 식물에 분무해주면 해충의 공격을 줄일 수 있지만 완전히 제거할 수는 없다. 살충제를 사용할 수도 있다.

응애는 너무 작아서 볼 수 없지만 잎에 난 얼룩점으로 그들이 있다는 것을 알 수 있다.

민달팽이와 달팽이

문제점 낯익은 이 끈적거리는 연체동물은 잎을 갉아서 구멍을 내고, 줄기를 씹어서 부러뜨린다. 주로 야외 식물에 해를 끼치지만, 새로 들인 식물이나 창문을 통해 집 안에 들어오기도 한다.

해결책 실내 식물에서 흔히 볼 수 있다. 아니면 장식용 화분에 숨어 있는 것을 발견할 수도 있다. 잡아내서 버린다.

" 어떤 해충은 너무 작아서 잘 안 보인다. 그럴 때는 벌레 말고 감염 증상을 찾으라."

"구더기와 애벌레를 조심하라.
이들은 성충보다 더하진 않아도
그에 못지않게 해로울 때가 많다."

애벌레들

문제점 많은 실내 식물에 피해를 주는
해충은 아니다. 실내에서 가장 흔히 볼 수 있는
것은 잎말이나방 애벌레다.
가느다란 띠 같은 것으로 잎들을 묶어서(아래
사진) 잎이 마르거나 갈변하게 하고
결국 지게 만든다. 다른 애벌레들은
잎을 갉아 구멍을 내는데,
잎의 밑면에 숨어 있는 것이 보통이다.

해결책 애벌레를 잡아떼거나,
아니면 감염된 잎들을 꾹 눌러서
애벌레와 번데기를 함께 죽인다.
심할 때에는 애벌레 퇴치용 살충제를 치고
환기를 한다.

포도바구미는
성충보다 뿌리를
먹는 유충이 더
심각한 해를 끼친다.

포도바구미

문제점 성충은 몸길이가 약 9mm이고 색깔이
검어 발견하기도 쉽다. 잎을 조금씩 갉아먹어
가장자리를 톱니 모양으로 만들지만,
심각한 손상을 입히지는 않는다. 갈색 머리에
다리가 없는 C 자 모양의 흰 몸통을 한,
성충과 크기가 거의 같은 유충이야말로
정말 문제다. 뿌리를 먹어서 식물을 쓰러져
죽게 만들기 때문이다.

해결책 식물을 흔들어서 성충을 쫓아내거나,
화분 바깥에 끈끈이 장벽을 둘러서 포획한다.
되도록 봄여름에 알을 낳기 전에
천천히 움직이는 성충을 잡아 없앤다.
유충이 보이면 뿌리 겉면에
호스로 물을 뿌려 제거한 다음,
식물을 새 배양토에 옮겨 심는다.
아니면 가을에 곤충병원성 선충 배양액을
뿌려준다.

가루이

문제점 식물의 즙을 빨아먹는 이 해충은
크기가 2mm도 채 안 되지만 희고
날개가 달려 있어 눈에 잘 띈다.
위험을 느끼면 무리가 구름처럼 날아오른다.
비늘처럼 생긴 하얀 유충이 잎의 밑면에서
발견되기도 한다. 가루이는 잎과 새싹을
변형시키고 성장을 방해한다.
성충과 유충 모두 단물을 분비하는데,
그로 인해 식물에 그을음병(215쪽)이
유발될 수도 있다.

해결책 식물 가까이에 끈끈이를 매달아
성충을 포획한다. 아니면 묽은 비누 용액을
분무해서 날지 못하게 하거나 번식을 방해한다.
여름에 감염된 식물을 실외에 두면
익충들이 해충 구제에 힘을 보탤 것이다.
살충제를 사용할 수도 있다.

찾아보기

감사의 말

프란 베일리

돌링 킨더슬리(DK) 출판사의 에이미 슬랙과 필리파 내시가
보내준 격려와 지지에 깊이 감사드린다. 나이절 라이트와
롭 스트리터는 전문적 식견으로 이 책에 생명을 불어넣어주었다.
케이티 미첼(@bymekatie)에게도 감사드린다.
마크라메에 관한 그녀의 전문 지식이 큰 도움이 되었다.

지아 앨러웨이

이 책의 세부 사항을 꼼꼼히 챙겨준 DK 출판사 모든 팀의 헌신에
감사드린다. 특히, 격려와 더불어 무한한 인내심을 보여준
편집자 에이미 슬랙과, 책을 아름답게 디자인해준
크리스틴 킬티, 맨디 어리, 필리파 내시에게 감사드린다.
놀랄 만큼 아름다운 이미지를 제공한 사진작가 롭 스트리터,
스타일리스트 나이절 라이트, XAB Design의
제니스 브라운에게도 감사드린다. 그리고 책임 편집자로서
내게 일을 맡기고 모든 페이지를 꼼꼼하게 검토해 책의 수준을
한껏 높여준 스테파니 패로에게도 감사를 표하고 싶다.
내용 교정과 사실 확인에 도움을 준 영국왕립원예협회의
크리스토퍼 영에게 감사드린다. 마지막으로, 이 책을 쓰는 동안
인내하고 지지해준 남편 브라이언 노스와
아들 칼룸 앨러웨이 노스에게, 앞의 모든 감사에 못지않은
큰 감사의 말을 바친다.

DK 출판사

식물들을 찾는 데 조언과 협력을 아끼지 않은 아일렛 종묘장의
줄리 아일렛, 케이시 생어, 수 언윈, 아이린 모리스에게
감사드린다. 집을 촬영 장소로 빌려준 제이미 송, 존 바삼,
그리고 조에게 감사드린다. XAB Design의 얀 브라운은
사진 촬영을 묵묵히 도와주었다. 편집에 도움을 준
로저먼드 콕스와 엠마 핑커드에게 감사드린다.
'찾아보기'를 만들어준 바네사 버드에게도 감사드린다.

사진 재사용을 너그럽게 허락해주신 다음 분들께도
감사를 표하고 싶다.
(기호 설명: a는 위쪽, b는 아래쪽/맨 아래, c는 가운데,
f는 먼 쪽, l은 왼쪽, r은 오른쪽, t는 맨 위 사진을 가리킨다.)
GAP Photos : 33tc(마틴 휴즈존스), 33tr(다이애너
재즈윈스키), 45br(린 케디), 21bl(하워드 라이스),
36br(프리드리히 스트라우스), 17tr, 17bl, 29tl, 29ftl,
33bl, 37bl, 묶음사진 20br.
다른 모든 이미지들은 @Dorling Kindersley
더 많은 정보를 원하면 www.dkimages.com 참조

저자 소개

프란 베일리(Fran Bailey)

요크 근처의 절화(cut flower) 종묘장에서 자랐다.
그곳에서 네덜란드인 아버지 야콥 페르회프가 원예에 관한
모든 것을 사랑하도록 격려해주었다. 웰시 원예대학에서
공부한 뒤 런던으로 와 프리랜서 화초 재배가로 일했다.
2006년 런던 남쪽에 자신의 첫 꽃가게 'The Fresh Flower
Company'를 열었다. 2013년 가게 'Forest'를 열면서
실내 식물로 영역을 넓혔다. 딸과 함께 가게를 운영하는데,
무성한 녹색 식물들로 가게 안을 가득 채우고 있다.

지아 앨러웨이(Zia Allaway)

작가이자 저널리스트이며, 영국왕립원예협회(RHS)와
DK 출판사에서 원예에 관한 여러 책을 쓰고 편집해온
뛰어난 원예 전문가이다. 저서로 『RHS 식물과 꽃
백과사전RHS Encyclopedia of Plants and Flowers』,
『RHS 화분 식물 기르기RHS How to Grow Plants in Pots』,
그리고 『식용식물 실내 정원Indoor Edible Garden』 등이 있다.
잡지 「집과 정원Homes and Gardens」에 정원 디자인에 관한 칼럼을
한 달에 한 번 연재하고 있고, 「가든 디자인 저널Garden Design
Journal」에도 기고하고 있다. 하트퍼드셔에 있는 자신의 집에서
상담 서비스를 운영하고 있으며, 초보자를 위한 실용적인
워크숍도 제공하고 있다.

크리스토퍼 영(Christopher Young)

서리에 있는 영국왕립원예협회의 대표 정원인 위슬리가든의
온실정원 원예팀장이다. 이국적인 식물과 고사리류에
특히 관심이 많은 열정적인 원예가이다.
RHS 관상식물위원회의 회원이기도 하다.

영국왕립원예협회(Royal Horticultural Society)

원예 발전과 명품 정원 조성에 헌신하고 있는, 영국의 대표적인
원예 자선단체이다. 전문적인 조언과 정보 제공,
차세대 정원사 양성, 어린이를 위한 식물 재배 실습 기회 제공,
식물과 해충 그리고 정원사에게 영향을 미치는 환경문제에 대한
연구 등의 공익 활동을 펼치고 있다.
(더 많은 정보를 원하면 www.rhs.org.uk 참조)

옮긴이 신준수

출판 번역가·기획자. 『칵테일 도감』『허브 스파이스 도감』
『건강과 환경을 살리는 홈 디자인 100』 등을 옮겼다.

RHS Practical House Plant Book

실내 식물 도감

초판 1쇄 발행 2021년 1월 10일
　　3쇄 발행 2024년 8월 30일
지은이 프란 베일리, 지아 앨러웨이
옮긴이 신준수
한국어판 디자인 신병근
펴낸곳 한뼘책방
등록 제25100-2016-000066호(2016년 8월 19일)
전화 02-6013-0525
팩스 0303-3445-0525
이메일 littlebkshop@gmail.com
인스타그램, 엑스, 페이스북 @littlebkshop
ISBN 979-11-90635-05-9 03480